I.S.B.N. : 978-2-36965-125-3

Dépot légal : 3e trimestre 2021

Voir aussi...

- *La guerre à ciel ouvert* - Valéry Rousset
- *La dissuasion nucléaire française en action* - Philippe Wodka-Gallien
- *L'armement et le tir de l'Infanterie* - J.J. Capdevielle
- *Le développement des armes à feu* - Rodolphe Schmidt
- *L'arme blanche de guerre française au XVIII*^e^ *siècle* - Maurice Bottet
- *Abécédaire des forces sous-marines* - Jean-Louis Vichot - Philippe Nôtre
- *Dictionnaire des armes offensives et défensives* - E. Viollet-Le-Duc
- *La marine de guerre* - A. Sauvaire-Jourdan
- *L'artillerie moderne* - Lucien Huard
- *La marine de guerre* - Lucien Huard
- *Les torpilles* - Eugène Hennebert
- *La navigation sous-marine* - G.L. Pesce

APERÇU HISTORIQUE
SUR LES
ARMES À FEU

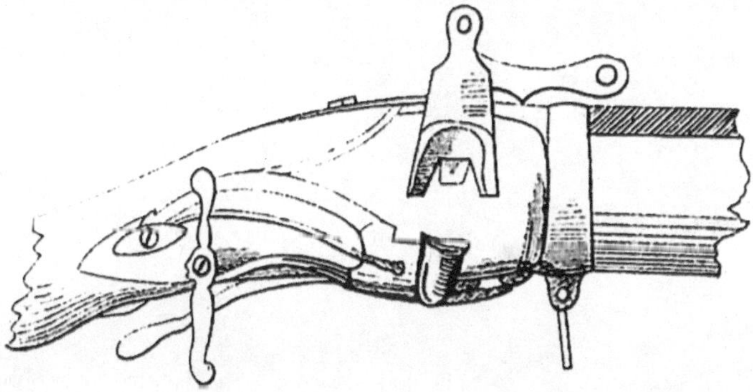

E. TESTARODE

1860

CONSIDÉRATIONS GÉNÉRALES.

Depuis quelques années, l'étude des armes à feu est devenue l'objet de l'attention de tous les militaires.

On s'est préoccupé d'abord du fusil d'infanterie.

C'était le point de départ naturel des recherches à faire. Depuis son invention, le fusil d'infanterie n'avait pas beaucoup varié sous le rapport de la justesse et de l'étendue de la portée. Malgré différents perfectionnements, un mécanisme assurant une rapidité de tir suffisante, de bonnes conditions de poids, de longueur, de solidité et de simplicité, c'était encore dernièrement une arme de jet fort médiocre.

Excellente arme de main, elle justifiait assez ce mot du général Souvarof :

> La balle est folle, la baïonnette seule est sage.

L'école de tir créée à Vincennes, en 1840, par les soins du duc d'Orléans, donna l'élan vers des idées nouvelles, dont M. Delvigne, déjà longtemps auparavant, avait été le promoteur.

Il avait proposé en 1827, un modèle de carabine qui, sans approcher du fusil actuel, prouvait déjà d'une manière irrécusable, la supériorité des armes rayées sur les armes à canon lisse. Son invention n'avait eu aucun succès.

Simple officier dans l'infanterie de la garde royale, sans appui, il eut à lutter contre l'indifférence ou le mauvais vouloir ; il parvint cependant, à force de persévérance, à faire réussir son système.

L'ordonnance du 23 septembre 1840, créa 10 bataillons de chasseurs à pied, et les arma de la carabine Delvigne. C'était un premier pas dans la voie du progrès.

Bien que cette arme ait dû subir des modifications, elle n'en à pas moins été l'origine de toutes les découvertes ultérieures.

Le gouvernement impérial, reconnaissant les services de M. Delvigne, vient de lui accorder une pension de 6,000 francs, à titre de récompense. C'est enfin proclamer le mérite de M. Delvigne, dont le plus éclatant témoignage, d'ailleurs, a été le décret de 1858, prescrivant l'emploi dans l'infanterie du fusil rayé, (modèle 1842 transformé).

Il est singulier qu'on ait tant tardé en France à accepter des principes que de longues expériences avaient consacrés, et que les nations les plus militaires de l'Europe s'étaient empressées de mettre en pratique.

L'Autriche avait donné avant 1845, des armes rayées à toutes ses troupes légères, et même à une partie de sa cavalerie.

La Prusse, à cette époque, avait déjà des chasseurs armés de carabines, et, en 1848, elle avait mis en essai dans une partie de son infanterie un fusil rayé dit *à aiguille*.

Dès 1832, dans quelques duchés de la Confédération, on faisait usage d'une carabine à deux rayures, tirant une balle à appendice annulaire. La Russie, peu après, employait une carabine du même système, et l'Angleterre qui, en 1835, avait donné une arme semblable à ses *riflemen*, adoptait en 1851 le fusil *Minié* pour toute son infanterie.

Si nous avons été devancés dans l'adoption du fusil rayé, il faut reconnaître avec justice, que les travaux de l'école de Vincennes, ont servi de programme à dés études semblables à l'étranger.

Pendant dix ans, de tous côtés les inventeurs se sont multipliés. Un grand nombre de systèmes ont été proposés ; quelques-uns ont été soumis à de longues et sérieuses expériences, calquées sur celles que l'on faisait en France. Des écoles normales de tir ont été créées ; à Hyde en Angleterre, au Pardo à Madrid, à La Haye, à Saint-Pétersbourg, en Suède, etc. On y À mis à profit nos modèles, nos armes, nos projectiles, que des officiers de tous grades venaient recueillir avidement dans nos écoles, nos manufactures et nos arsenaux. Cependant, nous avons hésité longtemps, nous sommes restés presque stationnaires, au milieu des progrès dont nous avions imprimé le mouvement.

Il y avait une grave question à résoudre.

Avant de changer l'armement d'une puissance, telle que la France, avant de s'engager dans une voie qui touchait à un si haut degré à l'intérêt public et qui pouvait avoir des conséquences fâcheuses pour nos finances, il fallait être assuré des résultats, et avoir une garantie complète pour l'avenir. Il ne fallait pas céder À un engouement trop prompt, et s'exposer par là peut-être au danger. Il y avait en outre à lutter contre une foule de vieux préjugés, tandis que d'un autre côté l'espoir de trouver quelque chose de plus parfait faisait douter de l'urgence d'adopter les nouvelles armes de précision. Le décret de 1858 en ordonnant l'usage du fusil rayé dans toute notre infanterie, À enfin clos d'interminables discussions sur le plus ou moins d'utilité qu'il pouvait y avoir à lui donner des armes à longue portée.

Il serait trop long d'exposer les motifs qui faisaient rejeter l'emploi dans l'infanterie du fusil rayé. Les uns tenaient à des considérations tactiques ; les autres, à la nature même de la question ; beaucoup n'étaient souvent que des raisonnements plus ou moins spécieux d'une opposition systématique.

On peut en citer quelques-uns :

– L'infanterie de ligne n'a pas besoin d'armes de précision pour combattre en ligne.
– L'infanterie française aime voir l'ennemi de près, et pour combattre à la baïonnette, elle n'À pas besoin d'armes à longue portée.
– On a bien fait les guerres de l'Empire et gagné des batailles avec le fusil à canon lisse.
– Le soldat d'infanterie n'est pas assez intelligent pour se servir utilement d'une arme de précision, pour apprécier les distances ; etc. Elle ne convient qu'à des hommes d'élite, d'un recrutement spécial.
– Les armes rayées ne sont pas assez simples, ni d'une conservation assurée. Elles peuvent faire défaut au fantassin. Il peut donc manquer de confiance en son arme, etc. etc.

Il serait superflu de réfuter de pareils arguments. La constance de ceux qui, se mettant au-dessus de certaines petites rivalités jalouses, cherchaient avant tout le bien public, a triomphé de tous les obstacles, et s'il fallait l'expérience de la guerre pour achever de convaincre leurs adversaires, il suffirait aujourd'hui de citer la dernière campagne. En effet, quelques grands qu'aient été nos succès à la baïonnette en Italie, on conviendra bien que nos armes de précision ne nous ont pas été nuisibles.

Et d'ailleurs, est-ce réduire le rôle de l'infanterie que d'augmenter ses moyens ? Qui peut plus peut moins. En mettant l'infanterie française en état de combattre de loin, lui ôte-t-on les qualités qui lui sont propres, c'est-à-dire cette grande mobilité qui lui permet de joindre facilement l'ennemi, cet entrain naturel qui la rend redoutable à celui-ci quand elle l'atteint ?

Aujourd'hui, où la discussion n'est plus possible, l'armement rayé n'est pas assez prisé dans l'infanterie, et le tir y est quelquefois négligé.

Cependant, chaque année, un grand nombre d'officiers suivent les cours de l'école de tir. Ils rapportent dans les corps les notions complètes et raisonnées sur le tir et sur l'armement.

Les conférences qu'ils font pendant l'année qui suit leur retour, devraient développer le goût pour des connaissances qui ont été à tort trop souvent regardées comme une spécialité du ressort seul des officiers d'artillerie.

Il faut avouer, il est vrai, que ces conférences ne se font pas toujours d'une manière régulière[1]. En outre, ceux qui en sont chargés ont un grand défaut, qu'il ne dépend pas d'eux de corriger. Ils sont trop jeunes de grade et d'âge, et n'ont pas l'influence nécessaire, non seulement pour imposer leurs idées, mais même pour se faire écouter. S'il y avait dans l'infanterie, aussi bien que dans les chasseurs, des capitaines instructeurs, chargés du tir et de toute l'instruction qui s'y rapporte, ces capitaines qui sortiraient de l'École Normale de tir, seraient certainement dans des conditions excellentes pour transmettre et maintenir dans les régiments les bonnes doctrines de l'École de Vincennes, comme les capitaines instructeurs de la cavalerie, répandent et perpétuent celles de Saumur.

On pourrait même désigner parmi les officiers destinés à occuper ces fonctions, quelques-uns d'entre eux, pour aller chaque année passer plusieurs mois à l'étranger, y étudier les armes, et même les manœuvres et l'organisation des autres armées et compléter ainsi les connaissances acquises à Saint-Cyr et à Vincennes. Les idées se développent à mesure que le cercle des connaissances s'agrandit et le jugement se forme par la comparaison. Les rapprochements à faire, les rapports à établir entre les institutions militaires des autres pays et celles de la France, ne contribueraient-ils qu'à faire sentir davantage le mérite des nôtres, que ce serait déjà un enseignement utile. Mais il y aurait encore bien d'autres profits à en retirer, car c'est assurément exagérer l'orgueil national, que de s'imaginer n'avoir rien à apprendre chez les autres peuples.

Les armes rayées ne sont pas une nouveauté. Il y a au musée d'artillerie, à Paris, une arme rayée qui a appartenu à Henri IV. Il y a en outre, 343 anciennes armes rayées, fusils ou carabines, de diverses époques. La plupart sont antérieures au fusil à silex.

En 1625, les Polonais faisaient usage d'armes rayées, les Bavarois, en 1645, les Russes les employaient même bien avant. On attribue

1 On dresse souvent le procès-verbal de la conférence, en vertu des prescriptions ministérielles, et la séance n'a pas eu lieu.

l'invention des rayures à un nommé Gaspard Zollner, de Vienne, vers 1498. Il y a lieu de croire qu'elles sont dues au caprice de cet armurier, et que le hasard seul lui en suggéra la pensée, sans qu'aucune donnée mathématique ou physique ne l'ait guidé *à priori*. On suppose aussi avec raison, que les premières rayures furent produites dans les armes par le frottement des baguettes de fer qui étaient très grosses à cette époque. Les rayures furent d'abord droites, parallèles entre elles. On les fit plus tard en hélice. On reconnut dès l'origine que les armes rayées avaient plus de portée et plus de justesse, mais on n'avait aucune notion exacte sur la forme de la trajectoire.

Il n'y eut jusqu'à Louis XIV, aucune règle fixe pour le tir des petites armes, ni pour celui des canons. C'est un ingénieur italien, Tartaglia, qui, le premier, reconnut et déclara que la trajectoire était une courbe continue.

Galilée démontra ensuite que cette courbe était une parabole dont l'axe était vertical.

Newton prouva l'inexactitude du système de Galilée, en faisant voir que la résistance de l'air empêchait que la trajectoire ne fut une parabole et que la différence était d'autant plus grande que la vitesse était plus forte.

Daniel Bernouilli est le premier savant qui ait essayé de soumettre au calcul les effets de la détente des gaz de la poudre et le mouvement des projectiles dans l'intérieur des bouches à feu.

Benjamin Robins traita les mêmes questions dans ses principes d'artillerie, publiés à Londres, en 1742. Il inventa le pendule balistique avec lequel on peut mesurer la vitesse des balles de fusil.

Euler, en 1745, Lagrange après lui, firent également des recherches sur le mouvement des projectiles. Tout récemment, le général Piobert À fait aussi des études sur la température développée par les gaz de la poudre, sur la tension de ces gaz, etc. Robins avait estimé à 800° la température des gaz de là poudre.

Le général Piobert l'estime égale à 2400° ; quant à la tension des gaz, ce dernier l'évalue à 29000 atmosphères, tandis que Robins à 1000 seulement et Rumfort à 100000.

La résistance de l'air, la vibration du métal des armes, les variations de l'atmosphère, la densité des métaux, la forme et la grosseur des projectiles, sont autant de causes qui modifient le mouvement des projectiles.

Elles ont été appréciées dans les nombreuses expériences qu'ont dirigées MM. Tamisier et Minié, et la commission de l'École de

Vincennes. M. Tamisier a reconnu que des cannelures faites à la partie postérieure des balles allongées, assuraient la stabilité du projectile dans son mouvement de rotation autour de son plus grand axe.

Les projectiles lancés par les armes rayées sont sujets à des déviations qui proviennent de leur mouvement même de rotation, indépendantes de celles produites par d'autres causes.

Le sens de ces déviations ou *dérivations*, comme on les a appelées pour les distinguer, et le moyen d'y obvier ont été l'objet des travaux de MM. Poisson, Didion, Piobert, Lefebvre, Minié, Magnus de Berlin, etc. Il est fâcheux que dans toutes ces questions, les formules théoriques ne puissent pas être l'expression rigoureuse et mathématique des résultats de l'expérience, et que le calcul soit souvent en défaut.

On ne serait pas obligé de tâtonner si longtemps, et l'on trouverait peut-être une limite aux recherches. Quoiqu'il en soit, grâce au calcul, nous sommes loin aujourd'hui des carabines du seizième siècle.

Je ne puis parler des armes à feu, sans dire un mot de l'agent essentiel qui produit leurs effets. L'origine de la découverte de la poudre a donné lieu à des opinions bien différentes et dans ces derniers temps à des recherches savantes.

Je ne reproduirai pas ce qui a été dit et écrit sur ce sujet.

Que la poudre ait été trouvée par les Chinois, ou par un Grec, ou par les Arabes, ou par le moine Berthold Schwartz, c'est une question dont la solution n'est pas d'une utilité essentielle. Je répéterai seulement l'observation que j'ai faite à l'occasion des rayures. Il peut bien se faire que la poudre ait été simplement l'œuvre du hasard. D'après cela, la version qui rapporte la découverte des propriétés détonantes de la poudre à une préparation pharmaceutique de ce moine allemand à la recherche d'un purgatif, peut paraître assez vraisemblable. C'est le lieu de citer le passage suivant d'un petit traité sur les armes qui date du XVIIe siècle. La façon dont l'auteur s'exprime à propos de la poudre ne laisse pas d'être piquante.

> « L'invention de la poudre à canon nous est venue de la Chine, par la communication qu'un moine, nommé Berthold eut avec les Tartares, dans un voyage qu'il fit en Moscovie, en 1380. Aussi les Portugais ne furent jamais plus estonnez, en abordant les costes de ces païs, inconnues dans les apparences, que de voir une quantité de vaisseaux équipez et rangez en bataille, enjolivez de banderolles, etc. Mais leur surprise fut encore bien plus grande, lorsqu'ils entendirent les décharges de leurs canons, ausquelles ils ne s'attendaient pas ; il n'est donc pas véritable que le moine ait été l'inventeur de la poudre à canon ; il n'a été que le distributeur d'un secret que les Tartares

lui avaient appris et qu'il aurait mieux fait de garder, sans vouloir en faire une expérience qui luy a coûté si cher, et qui l'a ensevely dans le fourneau qu'il avait fait lui-mesme…

Il n'y a pas de doute que la poudre ne soit d'une invention diabolique. Les effets n'en sont pas moins dangereux qu'épouvantables, et ceux du tonnerre ne sont guère moins à craindre. Cependant tous ces fracas, tous ces tintamares et tous ces bouleversements ne sont causés que par de petites graines dont voici la composition :

On prend huit parts de salpêtre, une partie de soufre, une partie et un cinquième de charbon de coudre ou de saule pilés fortement, et qu'on arrose d'excellent vinaigre ou d'eau-de-vie, puis on le met en graine ».

Quelle que soit l'époque de la découverte de la poudre, il est à peu près certain qu'on se servait de bouches à feu en France, vers 1340. À cette époque, il y avait à Augsbourg, des moulins à poudre qui fonctionnaient, et en 1345, on mit en activité à Nuremberg de grands moulins à pilons.

Les moulins à meule furent connus en 1540, mais le danger des explosions ne rendit pas leur usage général.

Les artifices de guerre furent employés avant les armes à feu. Le feu grégeois n'était pas autre chose qu'un artifice capable de brûler sous l'eau.

D'après Xylander, il y en avait de plusieurs espèces.

La recette en fut communiquée aux Grecs en l'an 668, par un Syrien, nommé Callinique. Elle fut dès lors gardée secrètement à Constantinople. L'on est porté à croire qu'il entrait dans cette composition, du naphte ou du pétrole pur, qui, en raison de sa légèreté spécifique surnage sur l'eau. Il y avait également des résines, et enfin, dans une espèce particulière douée de propriétés fusantes, du salpêtre, du soufre et du charbon.

En raison de l'analogie de cette composition avec celle de la poudre, on pourrait admettre leur communauté d'origine, sans trop craindre d'être dans l'erreur.

La perfection du tir est une conséquence de celle des armes à feu. Il faut donc avant tout chercher à faire progresser celles-ci. On a dû non seulement chercher des armes du système le plus convenable pour obtenir la plus grande précision dans le tir, mais encore s'enquérir des moyens de fabrication les plus parfaits.

L'emploi des machines dans l'industrie moderne tend à remplacer partout la main de l'homme. Lorsque des lignes géométriques déterminent la forme de l'objet à fabriquer, le travail des machines est bien supérieur à celui du plus habile praticien.

Dans la fabrication des armes, rien ne s'oppose à l'usage des machines. La difficulté est de les inventer, de les approprier à cet objet, de les faire fonctionner. Nous en possédons quelques-uns, mais nous sommes loin d'être sous ce rapport à la hauteur de l'Angleterre.

C'est en Amérique que cette fabrication se fait sur la plus grande échelle. À l'arsenal de Harper's-ferry et dans la manufacture nationale de Springfield, aux États-Unis, toutes les parties du fusil sont faites à la machine.

Il y a proportionnellement une grande économie en raison du prix de la main-d'œuvre qui est très élevé en Amérique et en Angleterre. Le fusil rayé anglais revient à 86 fr. 80 c. lorsqu'il est fait par les armuriers, tandis que la carabine des États-Unis, faite à l'aide des machines coûte 58 fr. 86 c.

Les Anglais font aujourd'hui usage de machines pour fabriquer les armes. Dès 1811, MM. James et Jones avaient présenté au gouvernement une série d'appareils propres à tourner, forer et ajuster les fusils. Un nommé Buckle avait proposé, en 1822, des tours à fabriquer les bois de fusil.

Ces essais avaient été infructueux. Cependant, on s'est efforcé d'imiter les Américains, à Liège, à la manufacture de Toula, en Russie, à celle de Spandau en Prusse, et l'usage des machines est devenu de plus en plus général en Europe.

Le 1er mai 1854, une commission mixte fut instituée par le gouvernement anglais pour rechercher les moyens les plus efficaces de fabriquer les armes. Elle fit de nombreuses expériences, examina un grand nombre de rapports, entendit des officiers, des armuriers, et enfin adopta le plan de la manufacture royale d'Enfield.

Le fusil est entièrement fait à Enfield par les procédés mécaniques. Il est remarquable sous le rapport de la perfection de l'ajustage des différentes pièces.

Les machines sont également très employées dans les établissements particuliers. Je citerai, par exemple, la manufacture de révolvers, dirigée par M. Robert-Adams.

Les armes à feu peuvent être étudiées sous trois points de vue :

1°. Le chargement ;

2°. La communication du feu ;

3°. Le tir.

Elles doivent remplir des conditions particulières qui diffèrent de celles des armes de luxe.

Le mode de chargement doit être rapide et facile.

La communication du feu doit être prompte et sûre.

L'étendue et la justesse du tir suffisantes.

Dans les armes de guerre, ces conditions sont subordonnées à la simplicité, à la légèreté, à l'économie.

Toutes les améliorations dont les armes à feu ont été l'objet ont donné lieu à différents systèmes.

On nomme *système*, les dispositions particulières aux armes d'une certaine époque, dont le mécanisme et la construction sont basés sur les mêmes principes.

Il ne faut pas confondre un *système* avec un *modèle*. Ce dernier mot indique une arme, dont les dimensions ont été déterminées par un règlement ministériel et qui doit servir de type à la fabrication des autres armes de même espèce.

Le mode de chargement a donné lieu à de nombreux systèmes, qui forment deux grandes catégories : 1° les armes se chargeant sans forcement ; 2° les armes se chargeant à balle forcée. Les unes sont à *canon lisse*, les autres à *canon rayé*.

Les armes à canon lisse se chargent par la bouche, les armes rayées se chargent par la bouche ou par la culasse.

Sous le rapport de la communication du feu, on peut réunir les différents systèmes en trois groupes distincts :

1. Les systèmes antérieurs à la platine à silex, (à serpentin, à rouet, à miquelet).
2. Les systèmes à silex.
3. Les systèmes à percussion ou à amorces fulminantes.

Au point de vue du tir, les armes peuvent, être classées en une infinité de systèmes dépendants des rayures, du calibre, des projectiles, etc. Ex. : système Delvigne, Minié.

Il y en a enfin qui ont un caractère particulier, soit qu'elles forment à elles seules tout un système, soit qu'elles empruntent leurs dispositions à plusieurs. Il faut les classer à part : tels les fusils à vent, les armes à plusieurs coups, à magasin, les revolvers, etc.

Sans entrer dans une description détaillée de toutes les armes, je vais examiner les principaux systèmes qui ont été imaginés.

Dans cet aperçu je partagerai les armes de guerre en six sections, comprenant chacune les principaux systèmes qui se rattachent à un même principe :

1° Les anciennes armes, c'est-à-dire celles antérieures à la platine à percussion ; 2° les armes à percussion ; 3° les armes rayées ; 4° les armes étrangères ; 5° les armes se chargeant par la culasse ; 6° les revolvers.

I. – ANCIENNES ARMES À FEU.

Les premières armes à feu portatives ont été en usage vers le milieu du XIVe siècle. On les nommait *canons à main, bombardelles, couleuvrines.*

Elles consistaient en un tube de fer de deux à quatre pieds de longueur, du poids de 15 à 50 livres, se chargeant par la bouche ou par la culasse et que l'on tirait sur affût.

Quelques-uns de ces canons à main portaient à hauteur de leur centre de gravité des tourillons qui reposaient sur les extrémités d'une fourche en fer. Cette fourche servait d'appui pour pointer et tirer.

Le chargement par la culasse s'opérait au moyen d'une boîte mobile, dans laquelle on mettait la charge et le projectile ; on enfonçait la boîte dans la partie postérieure du canon et on la fixait à l'aide d'un coin en fer. Elle était percée d'un canal de lumière. (Fig. 1.)

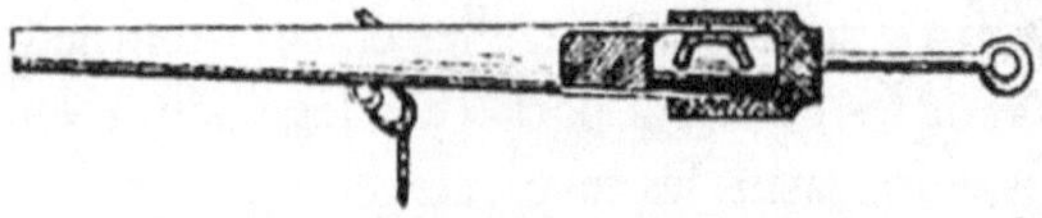

Fig. 1. Canon à main.

On mettait le feu à ces armes avec une mèche de corde.

Quelques-uns de ces canons à main avaient jusqu'à 7 pieds de longueur ; le projectile pesait une demi-livre et même une livre.

Petit à petit on allégea ces armes pour les rendre plus portatives et on les mit sur un fût en bois. On conserva seulement le chargement par la bouche. On plaça sous le fût une sorte de pied en fer pour les appuyer sur les remparts par dessus lesquels on tirait ; on leur donna le nom d'*arquebuses à croc*. Ce pied ou croc servait aussi à diminuer les effets du recul. Le feu se mettait avec une main pendant que l'autre maintenait l'arme dans la direction du tir.

On perfectionna ces arquebuses en les allégeant encore, en recourbant la crosse afin de pouvoir l'appuyer à l'épaule, et en plaçant le trou de la lumière sur le côté. On adapta à la lumière un petit tube ou bassinet pour recevoir la poudre d'amorce, et avec un couvercle pour la protéger contre l'humidité.

On appelait ces armes en Allemagne *sarbacanes à feu, tubes à mains, arquebuses trabous, fusils-obusiers, arquebuses buttières, tromblons, espingoles, etc.*

Les plus grosses étaient employées dans les sièges, les plus légères servaient en campagne. Quelques-unes étaient évasées à la bouche et se chargeaient avec plusieurs balles, ou avec deux balles liées ensembles par un fil de fer et que l'on nommait balles ramées (fig. 2).

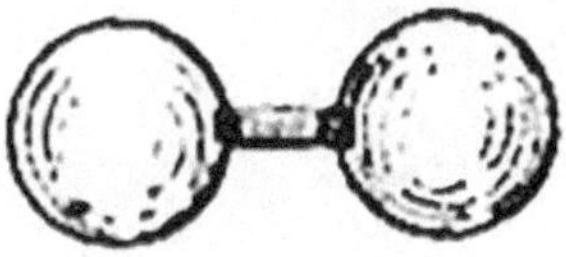

Fig. 2. Balles ramées.

L'invention de la *platine à mèche* ou à serpentin fut un très grand progrès, car la rapidité et la justesse du tir en furent considérablement augmentées. On réduisit alors le calibre des armes à feu jusqu'à 18 ou 20 balles à la livre, on les rendit réellement portatives et on atteignit la grosseur qui À servi de type au fusil d'infanterie.

Bien qu'on ne puisse pas exactement déterminer l'époque exacte des premières inventions relatives aux armes à feu, on peut rappeler certains faits pour indiquer le développement que prit leur usage dans le xve siècle.

Dans la guerre des villes contre la noblesse de Franconie, de Souabe, et de Bavière, le conseil d'Augsbourg fournit 50 hommes armés d'arquebuses.

À Padoue, en 1404, on vit dans une revue de troupes un grand nombre d'hommes armés d'arquebuses.

En 1427, dans la guerre des Hussites, l'armée impériale comptait seulement 200 arquebusiers sur 80000 hommes.

En 1429, dans l'expédition que firent les Brandebourgeois contre Stetin, il y avait 50 arquebusiers et 200 archers sur 1000 hommes.

Dès 1431 la bourgeoisie de Stockolm était armée d'arquebuses.

Les bourgeois d'Erfurt avaient également des arquebuses en 1447.

On s'exerçait à cette époque dans les villes, à l'occasion des fêtes, au tir de l'arquebuse. Il y eut des tirs à la cible en 1420 à Nuremberg, en 1430 à Augsbourg, en 1446 à Brunswick.

À la bataille de Morat (1476), les Suisses avaient près de 1000 hommes armés d'arquebuses sur une armée de 31000 combattants.

Au siège de Dorprat (1558) les Russes comptaient parmi eux 1200 arquebusiers.

Les armes à feu ne sont devenues réellement portatives que lorsqu'on eut inventé la platine *à mèche* ou *à serpentin*.

On trouve des platines à mèche qui datent de 1477.

Il y en eut de différentes espèces, mais toutes sont faites d'après le même principe.

La forme la plus générale était la suivante (fig. 3) :

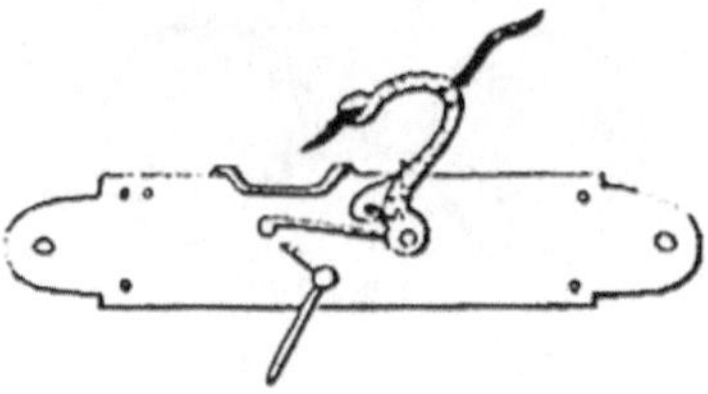

Fig. 3. Platine à mèche.

Une plaque de fer ou corps de platine contre lequel est placé un petit levier coudé : un des bras terminé par une tête de serpent (de là sans doute le nom de platine à serpentin) porte un bout de mèche, l'autre extrémité s'appuie sur une gâchette.

Un petit ressort maintient la mèche éloignée de la batterie. Lorsqu'on appuyait sur la détente, la gâchette relevait l'extrémité du serpentin et faisait abaisser l'autre sur le bassinet.

Les soldats qui étaient armés de ces arquebuses s'appelaient *arquebusiers*. Ils portaient chacun douze charges dans une boîte en tôle ou en bois pendue à la bandoulière, 30 balles dans un sac de cuir, une poire à poudre pour amorces et plusieurs bouts de mèches. On porta aussi les charges dans des étuis séparés fixés également à la bandoulière.

L'emploi des armes à feu à la guerre fit disparaître petit à petit les arcs et les arbalètes. Cependant les Français les conservèrent encore longtemps et les Anglais furent les derniers à les abandonner.

C'est ce qui arriva également pour les canons que l'on employa conjointement avec les balistes et les catapultes.

Lorsque Charles VIII fit son expédition en Italie (1494), il avait près de 100 canons montés sur des roues et traînés par des chevaux. Il y avait dans son infanterie, sur 1000 mercenaires Suisses et Allemands, environ 50 arquebusiers et de plus 5000 Gascons armés d'arcs et d'arbalètes.

Dans l'origine les arquebusiers ne servirent qu'à engager le combat comme autrefois les arbalétriers.

Les archers et les arquebusiers étaient ainsi une espèce de troupe légère analogue aux vélites romains. C'étaient les piquiers qui formaient la masse principale des combattants. Ils restèrent rangés en bataille dans l'ordre profond ; mais cet ordre tendit à s'amoindrir à mesure que les armes à feu se perfectionnèrent. L'ordre mince le remplaça lorsque plus tard le fusil fut définitivement, l'arme de l'infanterie et que la pique fut supprimée.

On étudie souvent comme indépendantes l'une de l'autre, l'histoire de l'artillerie et des armes à feu et celle de l'art militaire proprement dit, et c'est assurément ne pas comprendre que l'une et l'autre sont invariablement liées ensemble.

À mesure que les rouages et les ressorts se sont multipliés, la machine s'est perfectionnée , ses moyens et ses effets sont devenus plus complexes. Il a fallu une plus grande somme de forces pour la mettre en action. L'art de mouvoir les armées est donc devenu plus compliqué et plus difficile.

Le général Renard fait remarquer que c'est dans les perfectionnements de la tactique autrement dit de la science des manœuvres, qu'il faut rechercher les progrès de l'art militaire. Nous pensons ne pas nous éloigner de ses idées en ajoutant que c'est en remontant aux perfectionnements des armes que l'on trouve l'origine de ceux de la tactique. Il est incontestable qu'elle a dû suivre une route parallèle.

Avec les armes des anciens, de simples murailles non revêtues suffisaient pour arrêter l'ennemi.

Avec les frondes et les flèches, les échelles, les tours en bois, les béliers étaient des moyens d'agression suffisamment efficaces. On combattait de près sur les champs de bataille, parce que de loin on ne pouvait s'atteindre.

L'action consistait dans le choc, et la victoire restait aux plus nombreux, ou à ceux dont l'ordre de bataille était le plus compact.

La phalange grecque ou toute formation analogue, qui avait d'excellentes raisons d'être, serait aujourd'hui une anomalie grossière et périlleuse devant une artillerie dont les effets sont redoutables à d'énormes distances.

La cavalerie peu nombreuse dans les temps anciens devient prépondérante au moyen âge, mais elle perd son influence à mesure que l'infanterie accroît la sienne, en raison de l'extension que prend l'emploi des armes à feu. N'est-elle pas destinée peut-être à la perdre tout à fait à mesure que les armes carabinées se propagent dans les armées ?

Il est probable qu'avec les canons rayés une ère nouvelle est née pour l'art militaire. La fortification sera obligée de changer ses lignes, la tactique ses formations et ses ordres de bataille, ses manœuvres et en un mot ses grands principes.

Si l'on ajoute à ces considérations celles qui se rattachent à la télégraphie électrique applicable aux mouvements des troupes, aux voies ferrées dont l'expérience a déjà prouvé les utiles conséquences, à l'électricité employée comme agent dynamique, lumineux ou incendiaire, à l'art de l'aéronaute et à celui de la photographie appropriée au levé du terrain, peut-être un jour régulièrement praticables, il y a lieu d'espérer que les hommes pouvant disposer de tant de moyens de se détruire facilement et promptement renonceront à se faire la guerre et la regarderont alors comme une chose monstrueuse et indigne de la civilisation.

Le *système à rouet* remplaça les armes à mèche. C'est dans une petite ville d'Allemagne connue par d'autres inventions, à Nuremberg, que fut imaginée en 1517 la platine à rouet, ou platine *allemande*. Son mécanisme fut imité de celui des montres inventées dans cette même ville.

La platine à rouet (fig. 4.) se compose d'un corps de platine qui sert de support à l'arbre d'une petite roue dentée. Cette roue traverse le bassinet qui est fendu pour laisser passer ses crans.

Un fort ressort se relie à la roue au moyen d'une chaînette qui s'enroule autour de son arbre. Un cliquet engrené dans un cran d'arrêt du rouet.

On tend le ressort et on roule la chaînette avec une clef qui s'adapte à l'extrémité de l'arbre du rouet.

Un chien placé à la partie antérieure de la platine et portant dans les mâchoires une pierre à feu ou une pyrite sulfureuse peut s'abaisser à volonté sur le bassinet.

En appuyant sur la détente, le cliquet est soulevé, le ressort se débande, et le rouet, tournant rapidement sur son axe, frotte contre la pierre et produit les étincelles qui enflamment l'amorce et par suite la charge.

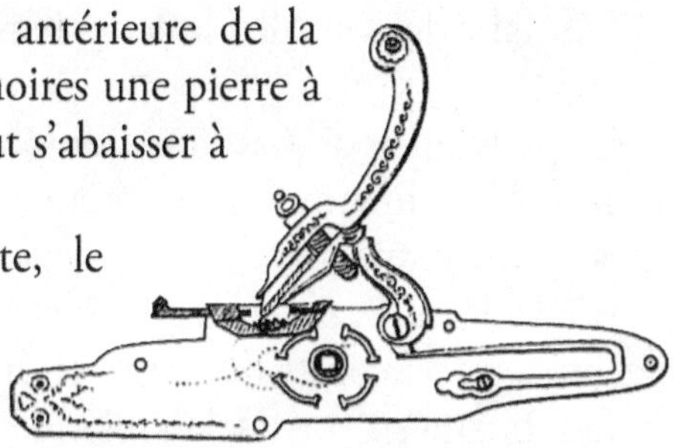

Fig. 4. Platine à rouet.

L'adoption de la platine à rouet devint générale. Les arquebuses ainsi perfectionnées prirent le nom de *mousquet*, et les soldats qui en étaient armés le nom de *mousquetaires.*

La cavalerie adopta à la même époque *pistolets* et le *pétrinal* ; c'étaient des armes à rouet plus courtes. Le pétrinal avait une crosse recourbée qui permettait de l'appuyer contre la poitrine. Quelques-uns de ces pistolets se terminaient par un anneau que l'on engageait dans un crochet fixé à la cuirasse, de même que la lance s'appuyait sur un autre crochet adapté à l'armure. On fit ensuite la crosse des pistolets légèrement recourbée et façonnée en boule à l'extrémité.

Leur longueur a beaucoup varié.

On prétend que les mousquets furent employés la première fois à la guerre par l'armée de Charles V en 1521.

Les mousquets se tiraient appuyés sur une béquille ou fourchette de bois ferré.

Chaque compagnie de lansquenets avait 10 à 15 mousquetaires qui marchaient en tête et faisaient le service de tirailleurs. Les arquebusiers restaient dans le rang mêlés aux piquiers. Peu à peu ceux-ci disparurent, et sous Gustave Adolphe il n'y avait plus que des piquiers et des mousquetaires dans la proportion de ⅔ de mousquetaires sur ⅓ de piquiers.

Le duc d'Albe et Maurice d'Orange firent tous leurs efforts pour perfectionner les armes à feu et obtenir de l'uniformité dans leur fabrication.

Gustave Adolphe allégea le mousquet, et en 1626 il supprima la fourchette.

Il inventa la giberne et la cartouche. Le tir fut considérablement amélioré, et le soldat moins chargé devint plus mobile.

Il fit faire des feux de file et des feux d'ensemble au camp de Werben en 1631.

La préférence de Gustave Adolphe pour les armes à feu, fut telle qu'au fur et à mesure que les piquiers diminuèrent dans son armée, il cessa de les remplacer.

En 1631, il avait des régiments entiers armés de mousquets, tels étaient ceux du comte de Thurn et du général Banner.

Les inconvénients de la platine à rouet étaient nombreux. La fabrication et l'entretien étaient compliqués. L'opération de monter le rouet était longue. Son départ et l'inflammation ne se faisaient pas assez rapidement ; le tir était lent. La pyrite sulfureuse s'émoussait. Il y avait un encrassement considérable qui, joint à la cause précédente, occasionnait de nombreux ratés. À l'époque de la guerre de Trente ans, les feux s'exécutaient donc lentement. On chargeait le mousquet en 94 temps ; aussi dans un combat à Wittenveger (1638) qui dura depuis une heure de l'après-midi jusqu'à 10 heures du soir, les mousquetaires du duc Bernard de Weimar déchargèrent leurs armes sept fois seulement.

On rapporte qu'à Nordlingen, en 1645, l'artillerie allemande, quoique lente dans ses mouvements, avait fait feu 3 ou 4 fois avant que l'infanterie eût tiré.

Aussi, bien que le tir fut moins régulier avec la platine à mèche, et que le feu que le soldat portait constamment avec lui fut un indice nuisible aux marches de nuit, on conserva la platine à mèche encore longtemps. Sous Louis XIV, on voit l'armée faire usage simultanément de mousquet à rouet, d'armes à mèche et de fusil à pierre. Vauban proposa même un mousquet auquel étaient adaptées les deux platines ensemble, celle à pierre et celle à mèche.

Nous avons dit que les armes à feu furent une des causes principales de la décadence de la chevalerie.

Au commencement du XVIe siècle, la noblesse française crut, en renforçant ses armes défensives, parer les effets des projectiles et affecta de dédaigner les armes à feu comme indignes d'un chevalier. À cette époque, elle ne combattait encore que par amour de la gloire.

Ainsi, à la bataille de Montcontour (1569), la cavalerie se servit exclusivement de la lance. Mais en Allemagne, au contraire, on organisa des compagnies d'arquebusiers à cheval. Chaque cavalier avait un pétrinal, deux pistolets, une poire à poudre, un sac à balle.

Les succès des milices communales, les guerres de Flandre, les défaites de Crécy, de Poitiers, d'Azincourt avaient déjà démontré que la cavalerie toute bardée de fer n'était ni invulnérable ni invincible. Combien plus grande devait être encore son infériorité devant celle même infanterie armée de l'arquebuse ou du mousquet.

L'infanterie elle-même sut à ses dépens reconnaître la faiblesse des troupes moins bien pourvues d'armes à feu.

Cette faiblesse se manifesta dans des circonstances fâcheuses pour nous.

En 1516, François Ier prit à sa solde 26000 lansquenets sur lesquels il n'y avait que 2000 mousquetaires. La petite quantité d'armes à feu qu'il eut dans son armée fut en partie cause de la défaite qu'il éprouva au siège de la Bicoque (1522).

L'infanterie espagnole prouva la supériorité de ses mousquetaires à la bataille de Pavie en 1525. C'est à l'habilité et à la rapidité de leur tir qu'elle dût la victoire.

La cavalerie allemande, particulièrement celle connue sous le nom de *reîtres*, affectionnait les armes à feu. Elle se formait en ordre profond. Lorsqu'elle attaquait, chaque rang chargeait au petit trot jusqu'à quelques pas de l'ennemi, déchargeait ses pistolets et allait se reformer derrière. Cette singulière tactique fut une des causes des succès de Gustave Adolphe sur les Impériaux.

Les chevau-légers ou tirailleurs portaient leurs pistolets pendus à l'épaule, les *argoulets* ou *arquebusiers* à cheval portaient de la même manière le *pétrinal*.

Maurice d'Orange arma toute sa cavalerie de pistolets de deux pieds de long. En 1595, il supprima complètement la lance.

Sous l'empereur Rodolphe II (1568), la lance fut également abandonnée par toute la cavalerie allemande[2].

Cependant, afin de lutter contre la prépondérance toujours croissante de l'infanterie, la cavalerie française fut obligée de rejeter les armes d'estoc et de taille pour rechercher dans les armes à feu une force capable de combattre des troupes dont les coups défiaient les plus fortes armures.

À l'époque de la bataille d'Ivry elle abandonna à son tour la lance. On avait déjà créé des arquebusiers et des mousquetaires à cheval ; on créa aussi des fusiliers à cheval et d'autres troupes légères armées de

2 La cavalerie ne fut pas seule armée de pistolets. Les piquiers portaient quelquefois des pistolets pendus à une bandoulière. En 1544 à la bataille de Cerizolles il y avait des piquiers allemands qui étaient armés de pistolets.

Il y À encore des troupes à pied armées de pistolets : les mineurs en Autriche.

mousquetons et de pistolets. À l'exemple des Allemands on fit feu à cheval même en chargeant. Cependant Wallenstein avait déjà voulu supprimer, après la bataille de Lutzen, le mousqueton des rangs de la cavalerie.

Turenne, à Sintzhein, ordonna à sa cavalerie de ne faire usage que de l'arme blanche. Frédéric défendit à la cavalerie de faire feu et lui prescrivit de charger au galop à l'arme blanche. Aidé de Sedlitz, il lui enseigna ainsi son véritable rôle. Dès lors, dans la cavalerie, les armes à feu ne sont qu'accessoires, et ce n'est que par exception que la cavalerie est appelée à tirer.

La cavalerie française fut battue à Hochsted en 1704, parce qu'elle attendit l'attaque en faisant feu. À la bataille d'Eckmül, en 1809, notre cavalerie reçut, par une salve de mousqueton, l'attaque de la cavalerie ennemie.

Dans d'autres circonstances encore les dragons combattirent avec succès avec le fusil ; mais en général les exemples de troupes à cheval combattant ainsi, sont peu nombreux.

Les troupes espagnoles, qui avaient dû une grande partie de leur succès à l'excellence de leurs armes, substituèrent à la platine à rouet la platine à *miquelet* (fig. 5.), qui elle-même n'est qu'une variété de la *platine arabe* (fig. 6).

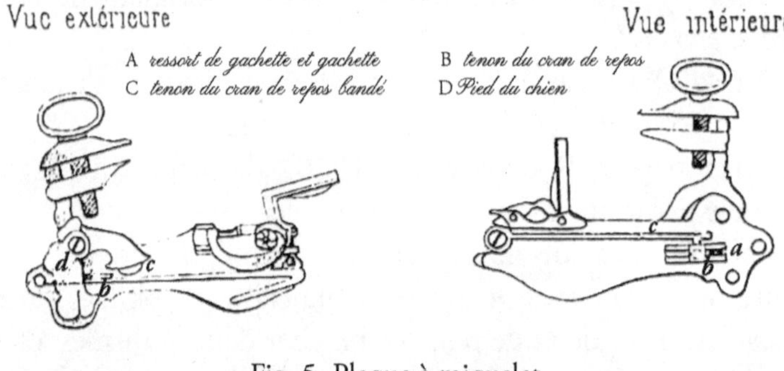

Fig. 5. Plaque à miquelet.

La platine à miquelet (ainsi nommée parce quelle fut en usage dans les régiments de miquelets) est le premier système à silex. La percussion du silex détermine l'inflammation de l'amorce ; ce principe est substitué à celui de l'inflammation produite par friction. Elle se compose du corps de platine, d'un bassinet, d'une batterie couvre bassinet avec son ressort et d'un chien portant dans ses mâchoires un silex. Un grand ressort, placé à l'extérieur de la platine, presse de bas en haut sur le pied du chien qui est arrondi et le fait frapper contre la batterie.

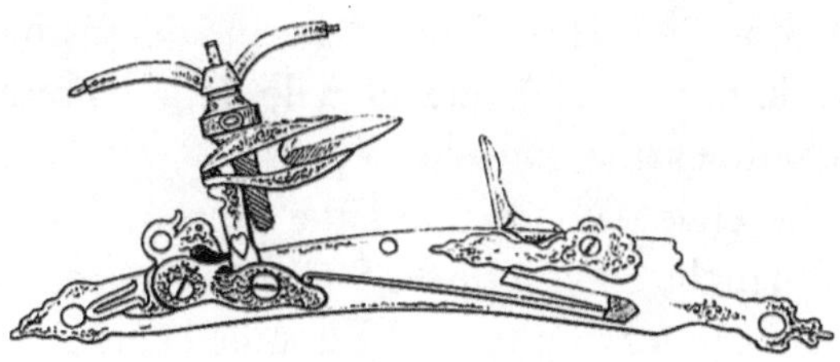

Fig. 6. Platine arabe.

Deux boutons maintenus par de petits ressorts retiennent le chien au cran du repos et au cran du bandé, et c'est en les soustrayant à l'action de ces ressorts par le moyen de la gâchette qu'on obtient le départ du chien.

La *platine à silex* fut inventée en 1630. Cette platine, établie sur le même principe que la précédente, en diffère par le mécanisme. Un grand ressort intérieur appuie sa griffe sur une noix à laquelle est lié le chien ; une gâchette maintenue par un ressort, engrène son bec dans deux crans de la noix et retient le chien éloigné de la batterie[3]. En appuyant sur la gâchette, le cran de la noix se dégage et le chien, abandonné à l'action du grand ressort, s'abat contre la batterie (Fig. 7)

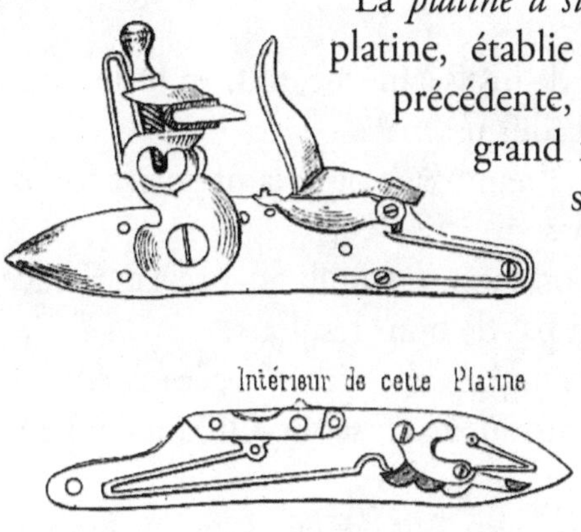

Fig. 7. Platine à silex. Modèle 1822.

De légères modifications ont été apportées à cette platine depuis son invention, ainsi qu'au fusil lui-même. Elles ont constitué un certain nombre de modèles qui ne diffèrent entre eux que par quelques détails, mais dont l'ensemble s'éloigne peu du premier type.

Quelques essais ont été tentés pour simplifier la platine à pierre. J'en citerai comme exemple, une platine (fig. 7 *bis*) inventée par un armurier nommé Prieur dans laquelle le chien fait noix et le grand ressort sert en même temps de ressort de batterie.

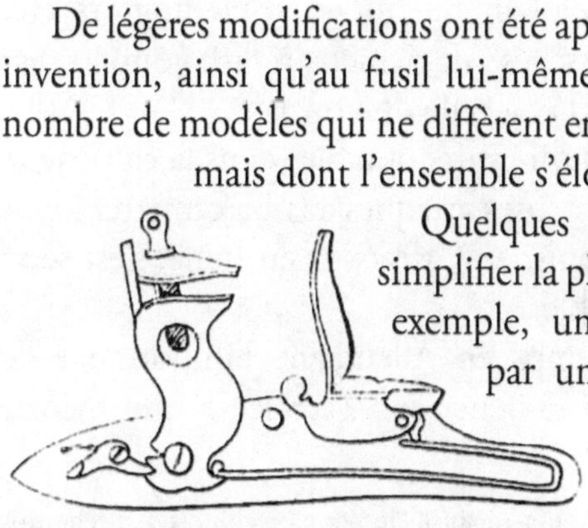

Fig. 7 *bis*. Platine à silex (système Prieur).

3 Dans les premières platines, le chien ne pouvait être mis au cran du repos ; on se servait encore de pyrite sulfureuse.

C'est à peu de chose près le système de platine des pistolets de poche.

L'invention de la platine à silex et celle de la baïonnette en 1640 donnèrent lieu à une arme nouvelle, *le fusil.*

La baïonnette était d'abord une lame pointue à deux tranchants montée sur un manche en bois de 8 à 9 pouces que l'on enfonçait dans le canon du fusil. On les fit plus tard à douille creuse.

Louis XIV ayant créé un régiment spécial pour la garde de l'artillerie, l'arma de fusils et lui donna le nom de fusiliers du roi (1671).

Pendant longtemps on fit usage des anciennes armes à feu conjointement avec le fusil à pierre.

On voit au Musée des arquebuses et des mousquets à mèche ou à rouet, ainsi que des fusils datant de la même année du règne de Louis XIV.

Les Chinois font encore usage de fusils à mèche, tout en utilisant les carabines que des Européens leur fournissent[4].

C'est en 1647 que les Français firent usage pour la première fois du fusil à baïonnette dans les Pays-Bas.

Les premiers essais de la baïonnette à douille creuse en France, datent de 1688 ; ils ne donnèrent pas de bons résultats.

Cependant dans les armées étrangères elle réussit, et les Suédois et les Prussiens furent les premiers, dit-on, à s'en servir. On donna même des baïonnettes aux dragons.

Les premières charges à la baïonnette ont été faites par les Français sous les ordres de Tallard en 1703 à la bataille de Spire, et par les Suédois à la bataille de Narva, le 15 janvier 1706, sous le commandement de Charles XII et aux batailles de Holofzin, de Pultava, d'Helfingfors, etc.

Les Prussiens attaquèrent aussi les Autrichiens à la baïonnette en 1742 à l'affaire de Czaslau (1762) et à celle de Lowositz.

Les Russes de Souvarow se rendirent redoutables dans la campagne de Suisse en 1799 par leurs vigoureuses attaques à la baïonnette. Nous savons quelle est l'armée qui depuis, en Crimée et en Italie, s'est servi avec avantage de cette arme terrible.

On a compris depuis longtemps en Allemagne l'importance de la baïonnette et on a cherché à ramener son exercice à une théorie uniforme.

---

4 Il y a au musée de Saint-Thomas-d'Aquin un fusil de rempart chinois à mèche pris dans l'expédition de Cochinchine en 1857. La frégate l'*Audacieuse* a rapporté en 1858, plusieurs fusils chinois et des canons de différents calibres qui ont été répartis dans les cinq ports.

L'escrime à la baïonnette est devenue réglementaire depuis 1828 en Autriche[5]. Elle l'est seulement depuis 1845 en France.

Les baguettes employées dans les premiers temps pour charger les armes à feu étaient généralement en bois.

Le prince Léopold d'Anhalt-Dessau ayant remarqué que dans un tir précipité, beaucoup de baguettes se cassaient, proposa à Frédéric-Guillaume Ier de substituer aux baguettes de bois, des baguettes de fer.

Cette idée fut reprise par Frédéric II qui en 1773 en donna à toute son infanterie. Son exemple fut suivi par les Autrichiens, ensuite par les Saxons, puis par les Napolitains et les Français.

On adapta aussi la baguette de fer au pistolet.

On fil des essais pour supprimer la baguette en chargeant les armes par la culasse.

Enfin on a proposé d'employer la baguette comme baïonnette ; la baguette se terminait à la partie supérieure par 3 pans. Un ressort la maintenait à moitié sortie de son logement lorsqu'on voulait se servir du fusil comme arme d'estoc. On a même essayé des armes de ce genre dans plusieurs régiments de dragons, autrichiens sur l'ordre de l'empereur Joseph II.

Ceci rappelle les fusils piques qui ont été imaginés aussi au commencement du dix-huitième siècle.

L'usage des baguettes de fer peut paraître une innovation bien peu importante mais « il n'est aucun détail tactique quelque intime qu'il paraisse, » dit le général Renard dans ses *Considérations sur la tactique de l'infanterie*, qui ne puisse à l'occasion acquérir une importance décisive ».

C'est ainsi que l'introduction des baguettes de fer fit gagner à Frédéric la bataille de Molwib (1741) déjà à moitié perdue.

Lorsque l'infanterie autrichienne ouvrit le feu contre les Prussiens déjà ébranlés, ses coups se succédèrent lentement. Les Prussiens faisaient alors de 5 à 6 décharges par minute. Ils étonnèrent les Impériaux par la

5 Elle fut expérimentée pour la première fois d'une manière régulière par le général baron de Beelen, dans l'arme des chasseurs (1819). Elle le fut ensuite par le capitaine Selmnitz dans l'infanterie saxonne.
Différents traités ont été publiés sur ce sujet, le plus ancien par Girard, date de 1740. Celui de Selmnitz a été publié en 1823. Le plus complet, le plus méthodique est celui de Gomard publié en France il y a quelques années.
Outre une progression logique et complète des principes applicables au combat, il enseigne un véritable genre d'escrime de salle d'armes qu'on pourrait facilement exécuter dans les régiments, avec des baïonnettes en baleine et des fusils hors de service.

multiplicité et la justesse de leurs feux. Ceux-ci voulurent alors se hâter, mais dans leur précipitation, ils brisèrent leurs baguettes de bois et la confusion se mit parmi eux. Ils perdirent la bataille.

Dans cette journée, la cavalerie autrichienne combattit à l'arme blanche, tactique qu'elle avait apprise des Prussiens. Les Autrichiens profitèrent de cette leçon pour adopter aussi les baguettes de fer. Le fusil à baïonnette fit disparaître peu à peu le mousquet et la pique. Dans l'armée suédoise, on remplaça celle-ci par une pertuisane de 11 pieds de long. Dans d'autres armées par la hallebarde. Enfin, elle disparut complètement en 1703 en France, et en 1760 en Allemagne.

Le premier modèle régulier de fusil à baïonnette en France date de 1777. Le modèle 1777 et le modèle 1777 corrigé ont servi pendant les guerres de l'Empire. Le dernier modèle à silex date de 1822.

II. – ARMES À PERCUSSION

C'est à Berthelot qu'on doit la découverte des poudres fulgurantes.

Vers la fin du siècle dernier, il y avait déjà à Essone une poudrerie où on fabriquait du fulminate ; mais en 1786, elle sauta. On laissa quelque temps de côté ces poudres qui occasionnaient des dangers dans la fabrication.

On les étudia de nouveau sous l'Empire et on chercha à s'en servir pour amorcer les armes à feu. Vers 1807, un armurier écossais, Alexandre Forroyth, inventa un fusil de chasse où le feu était communiqué à la charge par percussion sur une amorce de composition fulminante.

En 1812, un armurier français, Pauly, prit un brevet d'invention pour un fusil à percussion. Dans le fusil Pauly, il y avait une amorce lenticulaire qu'on plaçait dans un bassinet. Une tige fixée sur la platine venait frapper cette amorce au moyen d'un ressort.

On présenta différents systèmes les uns après les autres et en moins de quinze années, il y eut environ douze cents brevets d'invention donnés pour armes à percussion.

Les premières amorces étaient des boulettes de composition fulminante enduites de vernis. La plupart étaient faites avec un mélange de chlorate de potasse, de soufre et de charbon. Lepage, armurier de Paris, employa le premier le *mercure d'Howard*, fulminate composé avec du mercure, de l'alcool et de l'acide azotique ; ce sel avait l'avantage sur le chlorate de potasse, de ne pas dégrader les armes.

Dès 1819 presque toutes les armes de chasse étaient à percussion.

Mais on dût encore conserver les armes de guerre au système à silex. Un changement tel que celui des capsules substituées à la platine à pierre, avait une importance trop grande pour être fait à la légère.

L'armurier Julien Leroy proposa un fusil de guerre percutant qui fut expérimenté en 1820 (fig. 9).

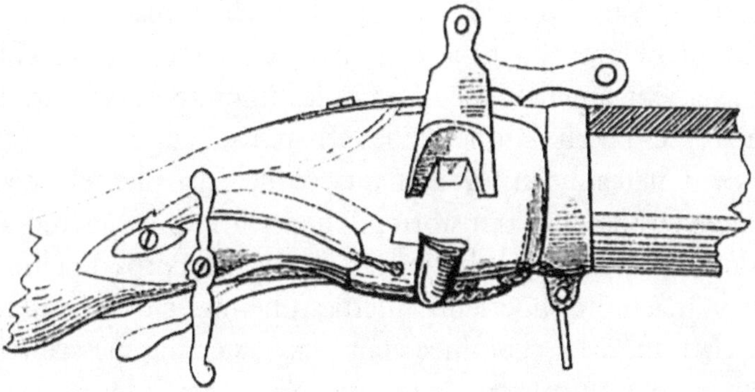

Fig. 9. Fusil Leroy à amorces fulgurantes.

Ce fusil se chargeait par la culasse ; le canon tournait du côté gauche sur un pivot fixé clans la culasse, parallèle à l'axe.

La platine, qui était l'objet le plus important de l'arme, se composait :

1. D'un appendice où était fixée la cheminée dans une position renversée.
2. D'un marteau en forme de bassinet évidé pour recevoir une boulette de composition fulminante.
3. D'un ressort qui maintenait le chien-marteau contre la cheminée. Pour tirer, on agissait sur un petit tourniquet qui éloignait le chien et le laissait retomber subitement sur la cheminée.

Les défauts de ce système étaient très nombreux. Le chargement par la culasse nuisait à la solidité et donnait beaucoup de crachement. L'amorce se perdait ; le départ était loin d'être instantané par suite de l'effort que l'on était obligé de faire sur le tourniquet ; cet effort dérangeait la position du tir. Le feu se communiquait à la poudre par le centre de la charge, derrière la culasse, mais en faisant de nombreux détours. Ces conduits tortueux occasionnaient une foule de ratés. Cette arme fut rejetée.

L'emploi des boulettes avait un grand inconvénient, c'était le danger du transport. L'invention des capsules a dû seul faire revenir à l'étude des poudres fulminantes. Elle furent imaginées par un Anglais, nommé Joseph Egg, en 1818, suivant quelques-uns par un armurier français nommé Prélat. En 1819, elles furent expérimentées en France. On fit de nombreuses essais pour les éprouver, et pour empêcher leur éclatement d'être dangereux.

Plusieurs systèmes furent proposés de 1818 à 1824, entre autres par MM. Valvahon, Chateaubrun et Vergnaud.

Le système Valvahon se composait d'un chien placé sous le pontet communiquant avec un tube contenant des amorces. Le chien par son mouvement amenait les amorces les unes après les autres sur la cheminée et les faisait détoner en les séparant des autres.

M. de Chateaubrun (lieutenant-colonel d'artillerie), en 1824, proposa un système de transformation des armes à silex en armes à percussion. Il supprimait la batterie, conservait le corps du chien et à la place de la mâchoire supérieure, mettait une masse de fer qui frappait sur une cheminée. La cheminée était placée sur une masselotte en fer vissée sur le côté du canon. Cette arme n'a pu être adoptée à cause de son peu de solidité et parce que les capsules étaient trop petites pour être employées à la guerre.

On sentait déjà les avantages des capsules : rapidité d'inflammation, diminution de ratés, production de feu par tous les temps, diminution du canal de la lumière, etc. ; mais on ne s'en dissimulait pas les inconvénients : danger de fabrication et de transport ; action corrosive des gaz ; difficulté d'assurer les approvisionnements ; difficulté de placer les capsules le jour comme la nuit par tous les temps ; chances pour que le soldat ne déchirât pas sa cartouche, etc. Tous ces défauts donnaient lieu à des objections qui pourraient paraître puériles aujourd'hui, mais qui étaient alors très sérieuses. On s'arrêtait surtout à cette considération, que les puissances étrangères n'avaient pas encore changé le mode de production du feu de leurs armes.

En 1826, le ministre de la guerre nomma une commission chargée d'étudier tout ce qui avait été proposé et inventé depuis la découverte des fulminates. MM. Arago et Thénard faisaient partie de cette commission. Les travaux de la commission durèrent jusqu'en 1829. Elle rejeta tout autre mode que la capsule pour employer les poudres fulminantes comme amorce des armes de guerre.

On nomma ensuite des commissions dans les écoles d'artillerie pour étudier les différents systèmes de capsules et d'amorçoirs, et chercher un moyen d'utiliser les anciens fusils si on adoptait les fusils à percussion.

Le système de M. Brunel, arquebusier de Lyon, fut d'abord essayé. Il a servi à peu près de base aux fusils, modèles 1840 et 1842.

Ce fusil avait une culasse à chambre portant une cheminée, autour de laquelle était un canal cylindrique.

Le feu se produisait par le choc d'un chien sur une capsule.

La cartouche portait une rondelle en liège (qui fut remplacée ensuite par un sabot en bois) ; cette rondelle avait une cavité où était emboîtée la capsule ; la balle reposait sur le sabot. Pour charger, le soldat prenait la cartouche, fixait la capsule sur la cheminée et la détachait du sabot en tournant la cartouche sur elle-même ; la cheminée était cannelée pour retenir la capsule.

Ce système semblait remplir le mieux les conditions favorables à son adoption.

On le soumit à de longues expériences ; en 1834, le 63e de ligne, en Afrique, reçut 600 fusils de ce système ; en 1837, le 29e en reçut aussi. On tira par tous les temps en le comparant au fusil à silex. Le pourcentage du fusil Brunel fut toujours supérieur.

On compara en même temps un autre fusil, le fusil Charroy.

Le fusil Charroy portait, sur le tonnerre, une masselotte avec une cheminée brasée sur la lumière. Un amorçoir porte-capsule fixé au canon pouvait basculer sur la cheminée ; ces capsules, pressées par un ressort à boudin, venaient se remplacer au fur à mesure ; l'amorçoir se relevait de lui-même par l'effet du ressort.

La communication du feu se faisait au moyen d'un long canal recourbé qui occasionnait des ratés ; le mécanisme était compliqué. Le fusil Brunel lui fut préféré.

À la même époque, on présentait un autre fusil ; c'était le fusil Heurteloup. Le chien était sous le pontet comme dans le fusil Valvahon, l'amorce était sur un ruban qui glissait par le mouvement du chien. À chaque coup, une amorce partait et était remplacée par une autre. En Belgique et en Russie, on a essayé longtemps ce fusil ; on pouvait tirer 70 à 80 coups avec le même ruban. Le fusil Brunel lui a encore été préféré.

On proposa aussi divers moyens pour porter et placer les capsules.

On peut diviser les moyens d'amorcer en trois catégories :

1. Les amorçoirs isolés et ceux adaptés au fusil.
2. Les cartouches qui portent les capsules.
3. Les capsules libres.

Tous les amorçoirs furent rejetés à cause de leur complication ; d'ailleurs, adopter un amorçoir c'était ajouter au poids que doit porter le soldat. Qu'il soit isolé, ou qu'il soit adapté au fusil, par la difficulté de conservation, d'entretien, de manœuvre, l'amorçoir était d'un usage presque impossible.

Les capsules réunies à la cartouche furent aussi repoussées parce qu'il y avait complication dans la fabrication, parce que si le soldat perdait sa capsule, il restait sans amorce ; et que si on lui en donnait en plus, on rentrait dans le cas des capsules libres. Après plusieurs expériences faites à Saint-Omer, on adopta le mode de placement à la main ; on fit des capsules en cuivre et à rebords, plus grosses que celles de chasse pour que le soldat ait plus de facilité à les mettre sur la cheminée. Pour rendre leur détonation facile, on chanfreina et fraisa la cheminée. Il y a maintenant peu de chances de ratés.

En 1840, on proposa en France, un fusil neuf imitant le fusil Brunel. La chambre était cylindrique au lieu d'être tronc conique ; un grain de lumière était vissé dans la culasse ; ce fusil avait une platine à chaînette ; la cheminée était vissée sur le grain de lumière sans conducteur autour. La cartouche était faite comme celles des armes à silex ; la capsule devait se placer à la main.

Le fusil de 1840 fut adopté en principe, mais la culasse à chambre fut rejetée, et on créa le modèle 1842 qui ne diffère du précédent que par la culasse.

Dans celui-ci le canon est fermé par un boulon de culasse. Un grain de lumière est forgé sur le tonnerre en même temps qu'on fabrique le canon.

Il ne suffisait pas d'avoir créé un modèle du nouveau système, il fallait chercher un moyen de transformer les anciennes armes, sous peine de laisser dans les arsenaux plus d'un million de fusils encore bons, ou d'avoir deux espèces de fusils dans l'armée jusqu'à ce que les anciens soient usés.

On essaya donc divers procédés pour approprier les anciens fusils à l'emploi des amorces fulminantes.

Il y a eu trois principaux modes de transformations :

1° Dans le premier on coupait le canon au tonnerre, on le taraudait et on y vissait une culasse à chambre surmontée d'une cheminée ; on supprimait la batterie et son ressort ; on remplaçait le bassinet par une pièce en fer (*le rempart*).

On substituait au chien un chien d'une seule pièce à tête évidée. On bouchait les trous des vis des pièces supprimées par les tiges de ces mêmes vis qu'on rivait des deux côtés du corps de platine. On bouchait l'ancienne lumière par un morceau de fer fileté. Enfin, on plaçait une visière sur la culasse. Les autres dispositions du fusil n'étaient pas changées.

2° Le deuxième mode, proposé par le colonel Arcelin, consistait à couper le bout du canon d'une quantité égale à la culasse à chambre que l'on vissait au tonnerre à la place du boulon de culasse.

Le diamètre extérieur de la nouvelle culasse était plus fort que celui du bouton. On taraudait de nouveau l'ancienne boîte pour recevoir les filets de la culasse.

La platine était transformée comme dans le modèle précédent. Ces deux procédés avaient le grave inconvénient de mettre beaucoup d'armes hors de service, parce que l'opération du taraudage les affaiblissait beaucoup au tonnerre et que quelques-unes se fendaient.

3° Le troisième mode, proposé encore par le colonel Arcelin, était semblable aux autres en ce qui concerne la platine. Quant au canon, il était conservé tel qu'il était avec la culasse ; mais on perçait un trou sur la partie supérieure du tonnerre, on taraudait ce trou et on y vissait un grain de lumière façonné en boule. Ce grain était placé de manière que deux filets du bouton de culasse fussent engagés dans sa partie inférieure. Cette dernière transformation date de 1841. C'est celle qui a été adoptée définitivement.

On reconnaît dans les fusils transformés ceux qui l'ont été par les deux premiers procédés, à la ligne de séparation de la culasse et du canon que l'on voit sur le tonnerre.

En 1840, il y avait encore dans les arsenaux et dans l'armée, quelques fusils des modèles antérieurs à 1822. Ces armes appartenaient en tout ou partie au modèle 1777, an IX, 1816, etc.

On désignait par le n° 1 celles qui étaient tout entières du même modèle : par *modèle dépareillé*, les autres ; on transforma celles qui étaient les meilleures.

Le fusil modèle 1842 n'a pas été mis en service.

On l'a gardé toujours en réserve et on ne s'est servi que des modèles transformés, jusqu'au moment où les fusils rayés ont remplacé les armes à canon lisse.

Le système percutant des armes de guerre neuves est imité de celui à armes de luxe. Dans la platine transformée, les pièces antérieures n'ont pas été changées ; il y a deux ressorts. Dans la nouvelle, 1842 (fig. 10), il n'y a qu'un seul ressort dont une branche agit sur la gâchette et l'autre sur la noix ; celle-ci est reliée à la griffe du ressort par une chaînette,

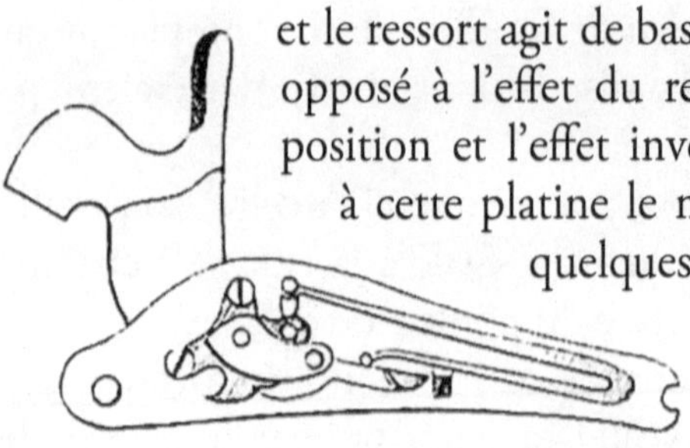

Fig. 10. Platine Modèle 1847.
Système à chaînette.

et le ressort agit de bas en haut sur la noix dans le sens opposé à l'effet du ressort de l'ancienne platine. La position et l'effet inverse du ressort ont fait donner à cette platine le nom de platine renversée. Dans quelques platines de luxe, on conserve le ressort de gâchette bien qu'on ait renversé le grand ressort et ajouté la chaînette (fig. 11).

Lorsqu'on adopta le système à percussion, on fit, pour le modèle 1842, des expériences sur les ratés, sur la portée, la justesse, la pénétration de la balle, le calibre, etc.

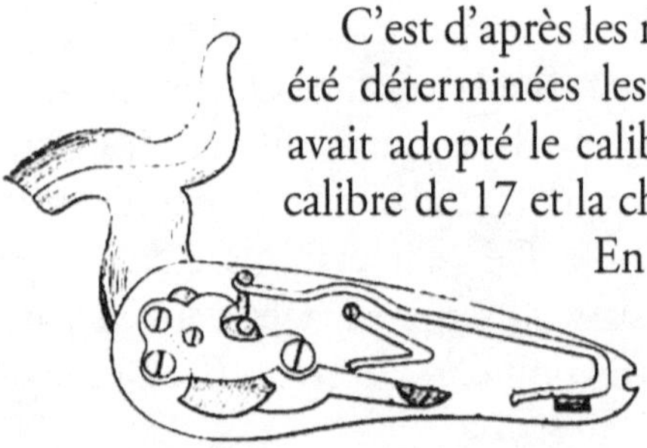

Fig. 11. Platine renversée à 2 ressorts et à chaînette.

C'est d'après les résultats de ces expériences qu'ont été déterminées les dimensions de cette arme. On avait adopté le calibre de 18 mm avec une balle du calibre de 17 et la charge de 9 grammes.

En 1848, la balle fut réduite à 16,7.

Le modèle 1842 a été remplacé par le modèle 1853, qui en diffère très peu.

Les dimensions du fusil modèle 1853, sont les mêmes ; le calibre est de 17,8 ; la baïonnette est renforcée au coude ; la platine est du modèle 1847. — Celle-ci est la même que celle de 1842 si ce n'est que les deux vis de bride de noix ne sont plus sur une même ligne perpendiculaire à la longueur du corps de platine.

Le modèle 1853 est le dernier des armes à canon lisse.

ARMES RAYÉES

Nous avons déjà dit que l'invention des armes rayées était presque aussi ancienne que celle des armes à canon lisse. Nous allons examiner rapidement leurs progrès depuis leur origine jusqu'à nos jours.

On s'en servit d'abord dans la défense des places. Leur usage se répandit ensuite dans les armées.

Pendant la guerre de Trente ans, on vit des corps entiers qui en furent armés. Le landgrave Guillaume de Hesse, en 1631, avait trois compagnies de chasseurs qui combattaient avec des carabines. L'électeur Maximilien de Bavière créa, en 1645, trois régiments de chasseurs auxquels il donna des armes rayées. Frédéric II, roi de Prusse, forma, pendant la guerre de Sept ans, un bataillon de chasseurs afin de tenir tête aux chasseurs tyroliens. Enfin, dès 1796, l'Autriche avait déjà 15 bataillons d'infanterie légère armés de carabines. Depuis, l'usage de ces armes s'est très vite répandu dans les armées étrangères.

La cavalerie fit aussi usage de bonne heure d'armes rayées. Les Espagnols semblent être les premiers qui s'en servirent à cheval. Ils créèrent des corps appelés *carabins* qui combattaient tantôt à pied, tantôt à cheval, et faisaient un véritable service de troupes légères.

Les carabins se multiplièrent et finirent par former de la cavalerie de ligne. Une autre troupe, combattant à pied et à cheval, les remplaça. Le maréchal Cossé de Brissac étant en Piémont en 1554, fit monter des fantassins à cheval pour se porter plus rapidement vers un défilé et s'opposer au passage de l'ennemi. Ce serait là l'origine des *dragons*. Le duc d'Albe avait dans son armée, pendant son expédition des Pays-Bas, des compagnies de *tirailleurs à cheval* qui peuvent passer aussi pour être la souche de cette *cavalerie mixte*[6].

6 Il y eut de même, dans l'armée d'Alexandre, des cavaliers, appelés *dimaches* qui

Ces troupes légères remplaçaient les anciens arquebusiers à cheval ; la plupart, étaient pourvues d'armes rayées.

Il ne faut pas confondre les *carabins* avec les *carabiniers*. Ces derniers furent, dans le principe, des hommes d'élite de cavalerie. Ils ont été créés par Henri IV. Il y en avait deux par escadron. Louis XIV porta leur nombre à quatre, puis il en forma une compagnie par régiment avant la fin de la guerre de 1688. — En 1693, il réunit toutes les compagnies de carabiniers, qui étaient au nombre de 100, et en forma le corps des carabiniers, dont la force équivalait à cinq régiments ordinaires.

Sous la Régence, les carabiniers des compagnies furent rétablis. On les conserva jusqu'en 1734. — À cette époque on les supprima de nouveau et on créa le 1er régiment de carabiniers, qui est, avec celui créé en 1788, l'origine des deux régiments actuels.

> « Mais on s'abuserait de croire que ces carabiniers fussent porteurs de carabines rayées ; ils n'étaient carabiniers que de nom[7] ».

On désigna longtemps par le nom de *carabines* les armes dont faisaient usage les carabins et les carabiniers. C'était simplement des armes plus courtes que celles de l'infanterie. On les appelait aussi *mousquetons*.

Le mot carabine ne signifie encore aujourd'hui arme rayée que dans la nomenclature française[8].

Longtemps les armes rayées varièrent de forme et de dimension au gré des fabricants et des ouvriers, sans qu'aucune règle fixe fût observée pour les établir.

Le plus ancien modèle régulier de carabine que l'on connaisse date de 1793. C'est la carabine dite *de Versailles*. Elle fut donnée aux sous-officiers d'infanterie légère ; en 1794 on créa un modèle plus petit pour la cavalerie.

La carabine de Versailles avait un canon long de 0^m649 du calibre de 0^m013 ; elle avait sept rayures et se chargeait à balle forcée avec un

combattaient à pied et à cheval. Ils portaient un dragon au cimier de leur casque.

7 *Dictionnaire de l'Armée*, par le général Bardin.

8 Dans la nomenclature allemande le mot *karabiner* veut dire mousqueton. Il en est de même du mot anglais *carabine*. L'arme rayée s'appelle en Allemagne *Büchse* et en Angleterre *Rifle*. D'après quelques auteurs, le mot carabine viendrait de *karab* qui veut dire *arme* en arabe.

Je rappellerai ici que l'on suppose généralement que *fusil* vient de *fucile* qui veut dire *briquet* en italien, ou de *focile, caillou* ; de même que le mot allemand *flinte* vient de *flins, caillou, pierre*.

maillet de bois. Un calepin graissé facilitait le chargement et en même temps aidait au forcement.

La carabine de Versailles était dans des conditions assez désavantageuses. Elle n'avait pas de baïonnette ; son chargement était lent, et incommode. Il fallait un approvisionnement spécial de cartouches pour les sous-officiers des corps. Ces raisons firent rej eter cette arme au commencement de l'Empire.

Après la Restauration, on chercha à approprier les armes rayées d'une manière avantageuse au service de la guerre, mais en restreignant leur emploi à la défense des places et en ne les donnant qu'à quelques hommes d'élite. C'est alors que parurent successivement les modèles de fusil de rempart, de 1818, 1828, et enfin 1831. Ce dernier fut employé en Afrique au commencement de notre expédition et au siège d'Anvers. Mais il ne rendit pas de très grands services. On n'aurait pas sans doute pu étendre le système rayé à l'armement général des troupes sans le mode de chargement et de forcement qui fut proposé par M. Delvigne.

Dans la carabine du *système Delvigne*, le calibre du canon est un peu plus grand que celui de la balle. La culasse est à chambre et d'un diamètre moindre que celui de l'âme du canon. La balle est sphérique et s'enfonce avec une baguette ordinaire. Elle s'aplatit sous l'effort de la baguette contre le ressaut que la chambre fait par suite de la différence des diamètres, et elle pénètre ainsi dans les rayures.

On essaya cette carabine devant une commission dont faisaient partie MM. Arago et Thenard. On trouva les portées inférieures à celle du fusil d'infanterie ; elles étaient de 250 mètres au plus, mais le tir parut assez juste.

Le maréchal Soult décida qu'on ferait des études sur ces carabines, qui reçurent le nom de *grosse* et de *petite carabine*. Elles furent données au premier bataillon de *tirailleurs de Vincennes* que l'on créa à cette époque et que l'on composa d'hommes fournis en partie par le 39e régiment de ligne. Ce bataillon fut envoyé en Afrique en 1840. L'expérience prouva que les petites carabines n'avaient pas une grande portée. Celle des grosses carabines était, au maximum, de 600 mètres environ. Cette supériorité les faisait même rechercher des soldats malgré leur pesanteur.

Dans le principe le ressaut de la chambre-était à arête vive ; on adoucit cette arête afin de ne pas déformer la balle ; ensuite le colonel Pontcharra remplaça le premier chargement par une cartouche empruntée à l'armurier Brunnel, dans laquelle la balle reposait sur un petit sabot de bois. Le sabot, introduit avec la balle dans le canon, s'arrêtait sur le ressaut de là chambre et empêchait la balle de pénétrer dans celle-ci aux dépens du forcement, ou de *faire clou*, suivant l'expression consacrée. Le sabot était enveloppé d'un *calepin* graissé, en serge, qui avait pour but d'empêcher l'encrassement.

M. Thierry, officier d'artillerie, fit subir quelques modifications à la petite carabine, et on la désigna alors sous le nom de carabine *à longue portée* ou de *munition* ; ou encore et à tort *carabine modèle* 1840.

La grosse carabine allégée de prés d'un kilogramme, fut appelée *carabine de rempart*. On mit ces armes en service dans les dix bataillons de chasseurs formés au camp de Saint-Omer.

Elles furent remplacées à leur tour par la *carabine modèle* 1842 et le *fusil de rempart, modèle* 1842. Par leurs dimensions et leurs formes, ces armes se rapprochent du fusil de dragon mais elles sont bien plus lourdes. La carabine modèle 1842 a un canon de 0,81 m de longueur, du calibre de 0,0175 m, et 4 raies faisant une révolution sur 6,22 m. Le fusil de rempart a un canon de 0,80 m un calibre plus fort et 6 rayures faisant une révolution sur 8,12 m. On reconnaît facilement ce fusil à la plaque de couche qui est cintrée et terminée par un bec recourbé, dont le but était de maintenir l'arme en joue plus commodément. La carabine de munition avait également 6 rayures.

Il faut remarquer que l'on faisait dans le commerce des carabines qui avaient un très grand nombre de raies ; en moyenne 33. On les appelait carabines à *étoile*, à *crémaillère*, à *colonne*, suivant la forme des rayures.

Celles dites *merveilleuses* ou à *cheveux* avaient jusqu'à 133 raies ou filets.

Le trop grand nombre de rayures a l'inconvénient d'augmenter le frottement du projectile dans l'âme et de nuire à laportée. Le fusil de rempart de 1831 n'avait que 12 rayures.

Dans la carabine modèle 1842 le nombre des rayures a été réduit à quatre. C'est ce nombre auquel on s'est arrêté pour les armes qui ont été adoptés depuis. Nous verrons qu'une trop grande longueur de canon augmente aussi le frottement. La charge était de 6 gr. de poudre. Enfin cette carabine fut munie d'une hausse à charnière et d'un sabre-baïonnette en forme de yatagan.

M. Thouvenain, capitaine d'artillerie, deux ans après imagina de visser dans la culasse des carabines une *tige d'acier* pour servir au forcement de la balle. La chambre cylindrique était remplacée par une chambre annulaire, et la balle, s'appuyant sur la tige, y était frappée par la baguette comme sur une petite enclume. C'était le principe de forcement de M. Delvigne, mais appliqué d'une manière différente.

En même temps M. Minié proposa d'employer avec cette carabine une balle cylindro-conique.

Les premières expériences que l'on fit sur cette arme donnèrent de suite des résultats satisfaisants. Le ministre nomma alors une commission chargée de rechercher les effets maximums de ces armes et les moyens de les approprier au service de la guerre.

Cette commission fit de longues et sérieuses expériences dont le succès alla toujours en croissant.

Elle s'arrêta avec le modèle 1846 dont voici les principales dimensions :

La longueur du canon était de 0 ^{m} 86, — le calibre dans le principe de 17 mil. 5, fut plus tard de 17 mil. 8 ; le calibre de la balle était 16 mil. 2, son poids 47 grammes ; elle se tirait avec la charge 4 g. 20.

La tige avait 38 mil. de hauteur et 8 mil. 5 de diamètre ; les rayures au nombre de quatre étaient larges de 7 mil., profondes de un demi-milli. Elles étaient au pas de 1 ^{m} 237 ; — Il y avait une hausse à curseur mobile en avant du tonnerre.

Le calibre de 17 ^{m} 8 fut adopté afin de pouvoir utiliser les balles sphériques du fusil d'infanterie.

On donna dès l'année 1846 ces carabines à 4 compagnies de chasseurs, puis ensuite à tous les bataillons.

Les expériences sur cette arme durèrent jusqu'en 1848, époque où fut proposé un nouveau principe de forcement, celui des *balles expansives*. Je n'entrerai pas dans le détail de toutes les expériences qui ont été faites sur les armes rayées depuis 1833 jusqu'en 1849.

Je viens de dire très rapidement à quelles espèces de systèmes elles ont donné naissance. Je rappellerai maintenant sommairement les objets principaux sur lesquels elles ont porté : ce sont le calibre, la longueur et l'épaisseur du canon ; l'inclinaison des rayures, leur sens, leur nombre, leur forme, leur profondeur, leur largeur ; la charge ou la cartouche, le mode de chargement ; la balle, sa forme, son calibre, son poids ; les cannelures de la balle, etc. etc.

Elles ont eu pour résultat de fixer les idées sur différents principes du mouvement des projectiles. Ainsi il fut reconnu que la longueur préférable à adopter pour les canons d'armes portatives devait être de

0 m 76 cent. ; que les balles allongées et cannelées avaient plus de force de pénétration, plus déportée et de justesse que les balles sphériques, un mouvement plus uniforme,une trajectoire plus tendue, etc. Voici comment on fut conduit à l'emploi des cannelures.

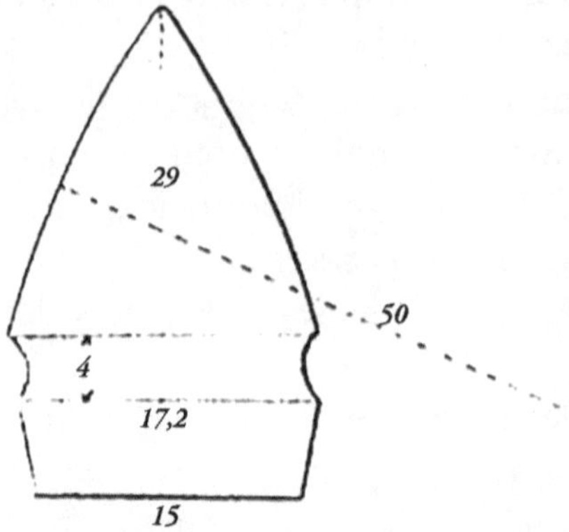

Fig. 12.
Balle oblongue proposée en 1845.

La première balle essayée dans la carabine à tige avait un tracé établi à peu près au hasard. (fig. 12).

Il se composait de trois parties : une partie conique ou ogivale, une autre cylindrique et une gorge les raccordant toutes les deux.

Cette gorge servit d'abord à maintenir un calepin graissé, puis un fil de laine et ensuite simplement un morceau de papier graissé. — On remarqua plus de justesse dans cette balle que dans les balles tout à fait cylindro-coniques.

Cette gorge est l'origine des cannelures que M. Tamisier imagina pour porter les résistances de l'air sur la partie postérieure de la balle et assurer la position de la pointe en avant, faisant ainsi l'effet des pennes d'une flèche.

Ce ne fut qu'après bien des tâtonnements, bien des travaux, qu'on parvint au tracé que j'ai indiqué. On tira par tous les temps ; on tira avec des charges différentes ; on essaya des billes de différents poids et de formes variées.

La figure 14 (V. Planche I) donne les dimensions maximum et minimum des balles essayées pour juger l'influence du poids du projectile sur la justesse du tir.

La figure 15 représente en grandeur vraie, des balles d'un poids considérable qui ont été tirées pour s'assurer de l'effet des cannelures sur le mouvement des projectiles. Elles ont toujours atteint le but la pointe en avant.

Ces résultats amenèrent M. Tamisier à essayer des balles très allongées, d'un petit calibre qu'on désigne par le nom de *balles à flèches* ; (fig. 22 et 23, Pl. II, p. 47) Leur justesse et leur portée furent satisfaisantes. On constata ainsi la stabilité de rotation autour de l'axe

BALLES DIVERSES

Balles essayées
pour juger de l'effet du poids
sur la justesse du tir.

Maximum
65 Grs 3

Minimum
32 Grs 7

Fig 14

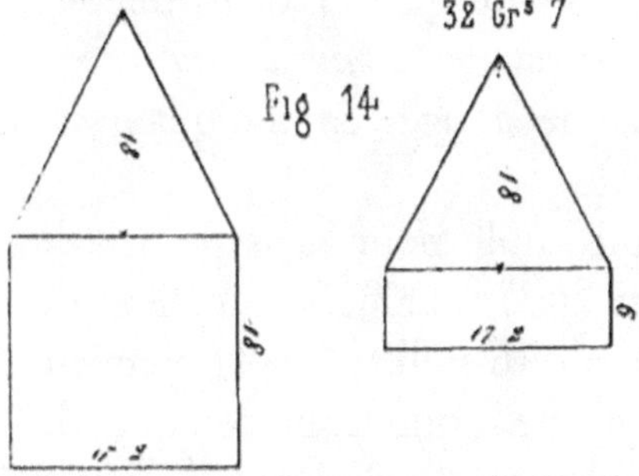

Balle Faucompré à évidement (1849)

Extérieur.

Coupe

Fig 16

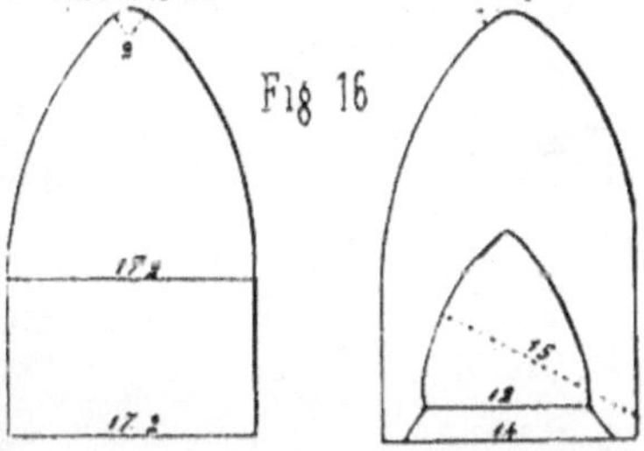

Fig 18
Balles Minié et Faucompré combinées

Coupe

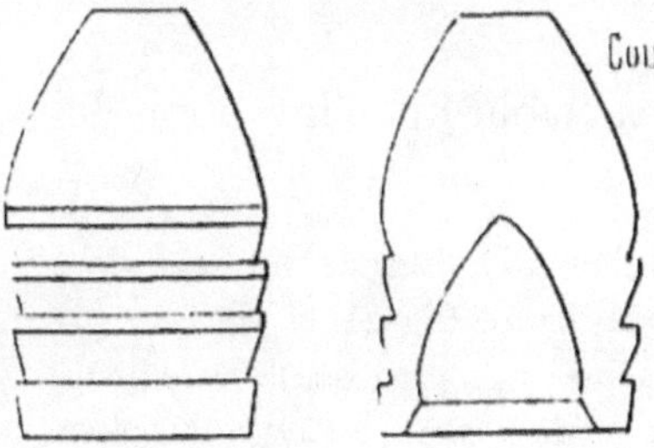

Balles essayées
pour juger de l'effet des
canelures.

N° 2, tirée à bras.

N° 1,
tirée sur affût.

Fig. 15

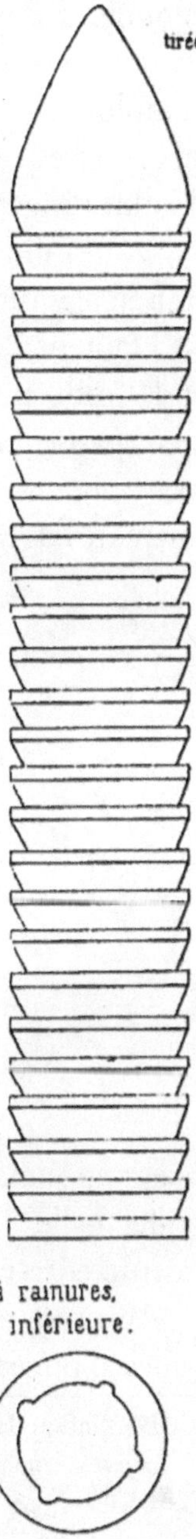

Balle Faucompré
évidée et à fentes

Fig. 17

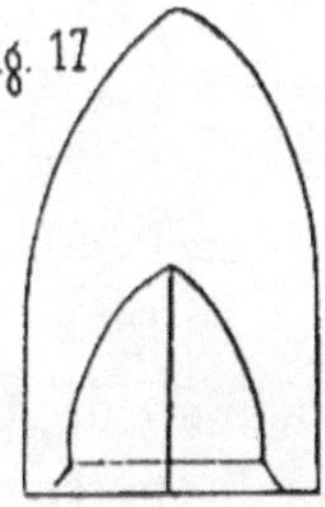

Evidements à rainures,
Plan de la partie inférieure.

Fig. 19.

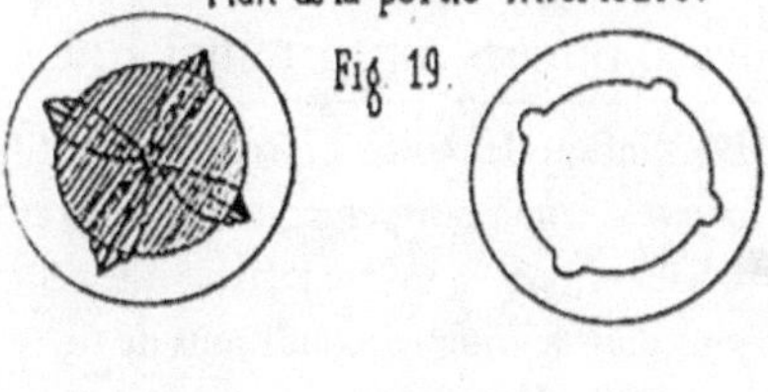

de symétrie des balles de forme allongée, tirées avec les armes rayées. Le tir des balles à flèche fit pressentir l'influence, reconnue plus tard, des petits calibres sur la justesse du tir[9].

Les travaux de la Commission durèrent jusqu'en 1849. À cette époque une nouvelle invention vint arrêter le cours des expériences entreprises sur les armes à tige. — On songeait déjà au moyen d'étendre l'emploi de ces armes à l'infanterie ; on venait de donner des fusils à tige aux zouaves ; on avait transformé à tige les mousquetons de l'artillerie ; il fallut diriger les études vers un autre projectile, la *balle à culot*.

Je terminerai l'histoire de la carabine à tige, en indiquant les principales dimensions de la balle ogivale.

Hauteur de la balle 29 mill., dont 16 mill. pour la partie ogivale et 10 mill. pour la partie cannelée, (fig. 13) ; diamètre supérieur de cette partie 17 mil. — diamètre inférieur 16 mill. 5 ; —la première cannelure est cylindrique, les autres sont de forme tronc-conique ; le rayon de l'ogive est de 50 mill. Le raccordement des deux arcs de l'ogive

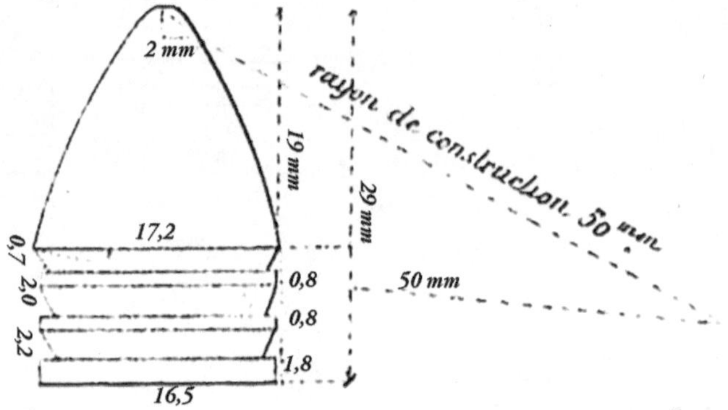

Fig. 13. Balle oblongue, définitivement adoptée en 1846.
(Chasseurs à pied).

se fait au moyen d'un petit arc de cercle de 2 mill. de rayon. (fig. 13).

La balle à culot fut proposée par le commandant Minié, alors instructeur de l'école de tir[10].

Avant de parler de cette balle, je tiens à établir que l'invention des balles allongées est fort ancienne.

9 L'invention des balles ogivales a donné l'idée à l'armurier Devisme de faire des balles à *pointe d'acier* pour percer les cuirasses et tuer les bêtes féroces (fig. 21, Pl. II).

Cette balle n'a pas la même justesse que celle de la carabine à tige, parce qu'elle ne se trouve plus dans les mêmes conditions de tir, le centre de gravité n'étant plus à la même place.

10 M. Minié est aujourd'hui en Égypte directeur des manufactures d'armes.

On possède à l'école de tir de Hyde des balles elliptiques et ovoïdes qui furent essayées dans des expériences faites en Angleterre vers 1750. À la Fère et à Metz, en 1770, on fit également des essais sur des projectiles oblongs. De 1793 à 1800, on expérimenta plusieurs fois des balles cylindro-sphériques.

Pendant les années 1825 et 1826, le capitaine Norton avait tiré des balles explosibles de forme oblongue, et en avait aussi obtenu de bons résultats. Enfin on avait aussi fait depuis longtemps en Russie des expériences sur des balles oblongues.

En 1838, M. Delvigne lui-même avait imaginé une balle incendiaire dont la forme extérieure est à peu près la même que celle de la balle des chasseurs, et qui avait pour but de faire sauter les caissons. Elle fut essayée en Afrique, mais on ne put en constater les effets.

Quant à la balle à culot, il faut reconnaître malgré le mérite qui appartient à M. Minié, qu'il n'est pas le premier à avoir eu l'idée des balles pouvant se forcer d'elles-mêmes. Dès 1779, on avait tiré à la Fère des projectiles cylindriques ayant une concavité à la partie postérieure.

En 1829 des balles de forme elliptique, ayant une cavité à la partie postérieure ont été expérimentées en Russie. L'armurier Greener avait proposé en 1835 en Angleterre une balle elliptique se forçant par expansion.

Enfin M. Delvigne avait déjà remarqué que les balles cylindro-coniques se forçaient mieux que les autres. Il l'avait indiqué dans un numéro du *Spectateur*, en 1843. M. Thiroux, professeur d'artillerie à l'école de St.-Cyr, avait eu la même idée, et de plus il avait eu celle des balles à cannelures et des balles expansives.

La balle à culot de M. Minié (fig. 14) est un peu plus forte que celle des chasseurs. La partie ogivale est plus courte et terminée par un petit méplat, et la partie cylindrique est plus élevée. Dans celle-ci se trouve un évidement tronc-conique de 16 mill. de profondeur et de 11 mill. de diamètre à la base. Un culot ou petit godet en tôle de fer de 8 mill.

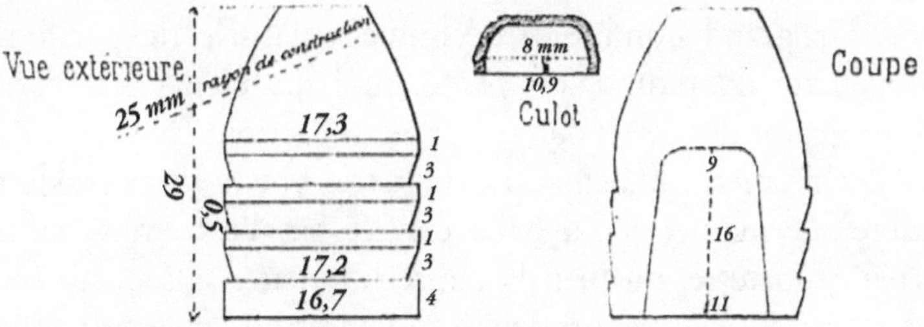

Fig. 14. Balle à culot proposée en 1849 par M. Minié.

de hauteur est placé dans l'évidement ; il est destiné au forcement de la balle. — On se sert, avec cette balle, d'un fusil rayé établi dans les conditions déterminées par les expériences précédentes. La cartouche est la même que celle des chasseurs. On charge de même, excepté qu'il suffit d'enfoncer la balle avec une baguette ordinaire, sans frapper avec force. Lorsque le coup part, la pression des gaz de la poudre enfonce le culot qui est moins dense que le plomb, dans l'évidement de la balle, tandis que celle-ci résiste à cette pression en vertu de l'inertie du plomb. — Le culot fait l'office d'un petit coin, écarte les parois de la balle et celles-ci se moulent sur les rayures du canon.

On essaya cette balle dans quatre régiments d'infanterie, le 31e, le 6e, le 66e et le 17e léger, à Toulouse, à Grenoble, à Strasbourg et à Vincennes. Les résultats furent remarquables, tant pour la justesse que pour la portée. Les hommes d'une adresse médiocre mettaient un grand nombre de balles dans les cibles jusqu'à 600 mètres, — en moyenne 7 sur 10. Les bons tireurs obtenaient à 800 mètres de meilleurs résultats qu'à 200, avec le fusil à balle sphérique. On se rappelle que M. Minié tirant lui-même, mettait des balles dans les panneaux jusqu'à la distance de 1800 mètres.

On reconnut dès lors la possibilité de supprimer la tige des carabines. Elle était un inconvénient pour le nettoyage et l'entretien de l'arme, et elle obligeait le soldat à porter sur lui des accessoires lourds, nombreux et compliqués.

La balle oblongue d'ailleurs ne se forçait pas régulièrement, attendu que l'effort musculaire que faisait le tireur en bourrant n'était pas toujours le même.

Les expériences sur la balle à culot durèrent de 1850 à 1853. Elles firent reconnaître à la balle à culot de grands inconvénients.

Elle était très lourde et surchargeait le soldat. Elle se composait de deux parties dont l'une, le culot, pouvait se détacher dans le transport. La cartouche était compliquée. Les balles se déformaient dans les caissons. Un grand nombre se déchiraient dans le tir, par le défaut d'homogénéité du plomb, ou perdaient leurs culots à la sortie du canon, projetant des éclats dangereux pour les tireurs.

Ces déchirements étaient un défaut très grave. Ils se produisaient de différentes manières. La balle crevait par l'extrémité, et n'avait ni portée ni justesse, ou bien la partie inférieure se séparait formant ainsi des *anneaux* de une ou deux cannelures ou des *lunettes* (fig. 24) composées de toute la partie cylindrique, — Ces anneaux restaient

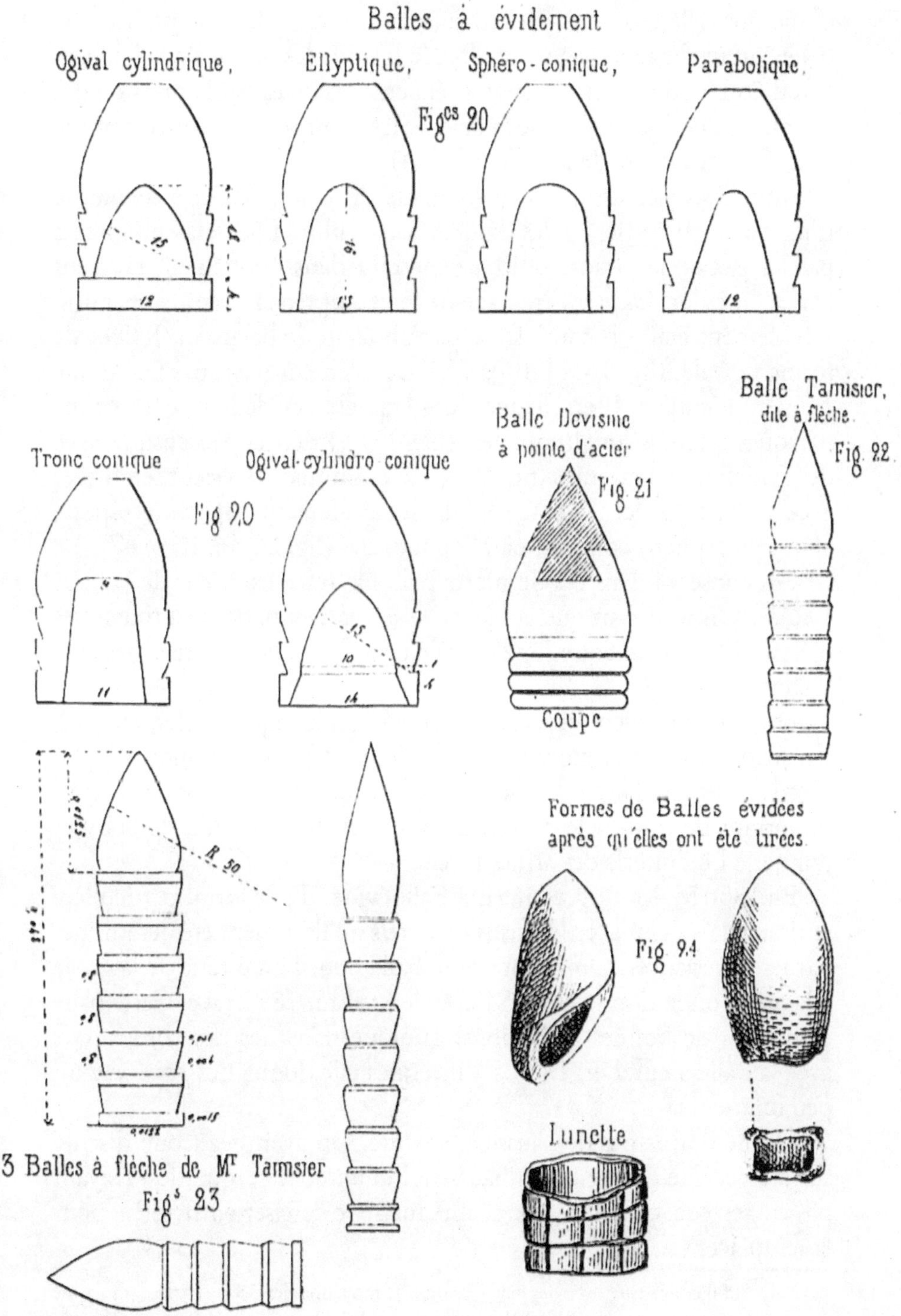
Balles à évidement
Ogival cylindrique,
Ellyptique,
Sphéro-conique,
Parabolique.
Fig^es 20
Balle Tamisier,
dite à flèche.
Fig. 22.
Balle Devisme
à pointe d'acier
Fig. 21
Tronc conique
Ogival-cylindro conique
Fig 20
Coupe
Formes de Balles évidées
après qu'elles ont été tirées.
Fig. 24
Lunette
3 Balles à flèche de Mr Tamisier
Fig^s 23

Planche II.

quelquefois dans les rayures de l'arme et empêchaient l'introduction d'une nouvelle charge. — Il arrivait enfin des accidents contraires : la balle sortait du canon sans être forcée lorsque les parois de la balle au lieu d'être moulées sur les rayures, étaient resserrées par la pression des gaz qui avaient pénétré entre la balle et les rayures et avaient comprimé la surface extérieure de la balle, (fig. 24)

Afin de remédier aux inconvénients du culot, M. de Faucompré imagina de tirer des balles évidées sans culot. Elles étaient forcées par les gaz de la poudre qui en pénétrant dans l'évidement faisaient l'effet du culot. La première balle de Faucompré était sans cannelures. L'évidement était obtenu à froid par un coup de balancier. Il était de forme ogivale, (fig. 16, Pl. I, p. 43) Le forcement n'eut pas lieu d'une manière régulière. Il en fit une dans laquelle l'évidement était coupé par quatre fentes longitudinales. (fig. 17) On en essaya ensuite avec des évidements à rainures (fig. 18 et 19) et un tracé extérieur semblable à celui de la balle à culot. On fil des évidements de toute espèce, elliptique, sphéro-conique, parabolique, etc. (fig. 20, Pl. II, p. 47).

On conserva dans ces dernières balles le tracé extérieur de la balle à culot. On reconnut que la balle à culot était supérieure à toutes ces balles évidées. Le culot y joue un rôle protecteur, il sert à régulariser le forcement[11].

Les culots peuvent être d'une matière quelconque, en fer, en bois, en carton, en papier comprimé, etc., leurs effets sont toujours à peu près les mêmes. Ils rendent toujours le projectile compliqué. Il était important de trouver le moyen de se passer du culot afin de pouvoir donner à l'infanterie des armes rayées.

En 1850 M. Minié présenta une balle évidée d'une forme particulière se tirant sans culot avec les fusils rayés tels qu'ils avaient été déterminés par les expériences. On adopta cette balle pour l'infanterie de la garde à laquelle on la donna en 1854 avec le fusil m. 1853 rayé. Cette balle était dans de bonnes conditions, quoique dans des tirs comparatifs avec la balle à culot en 1855 à Vincennes elle donna des *pour cent* un peu inférieurs.

On ne donna pas de hausse à la garde. On avait beaucoup discuté sur la nécessité de donner la hausse à l'infanterie. La question n'ayant pas été résolue, on avait indiqué une manière de viser particulière pour la remplacer.

11 Sur 10000 coups tirés avec des balles à culot, la moyenne des débris restés dans l'arme était égale à 1 ; avec les mêmes balles tirées sans culot, la moyenne était 16.

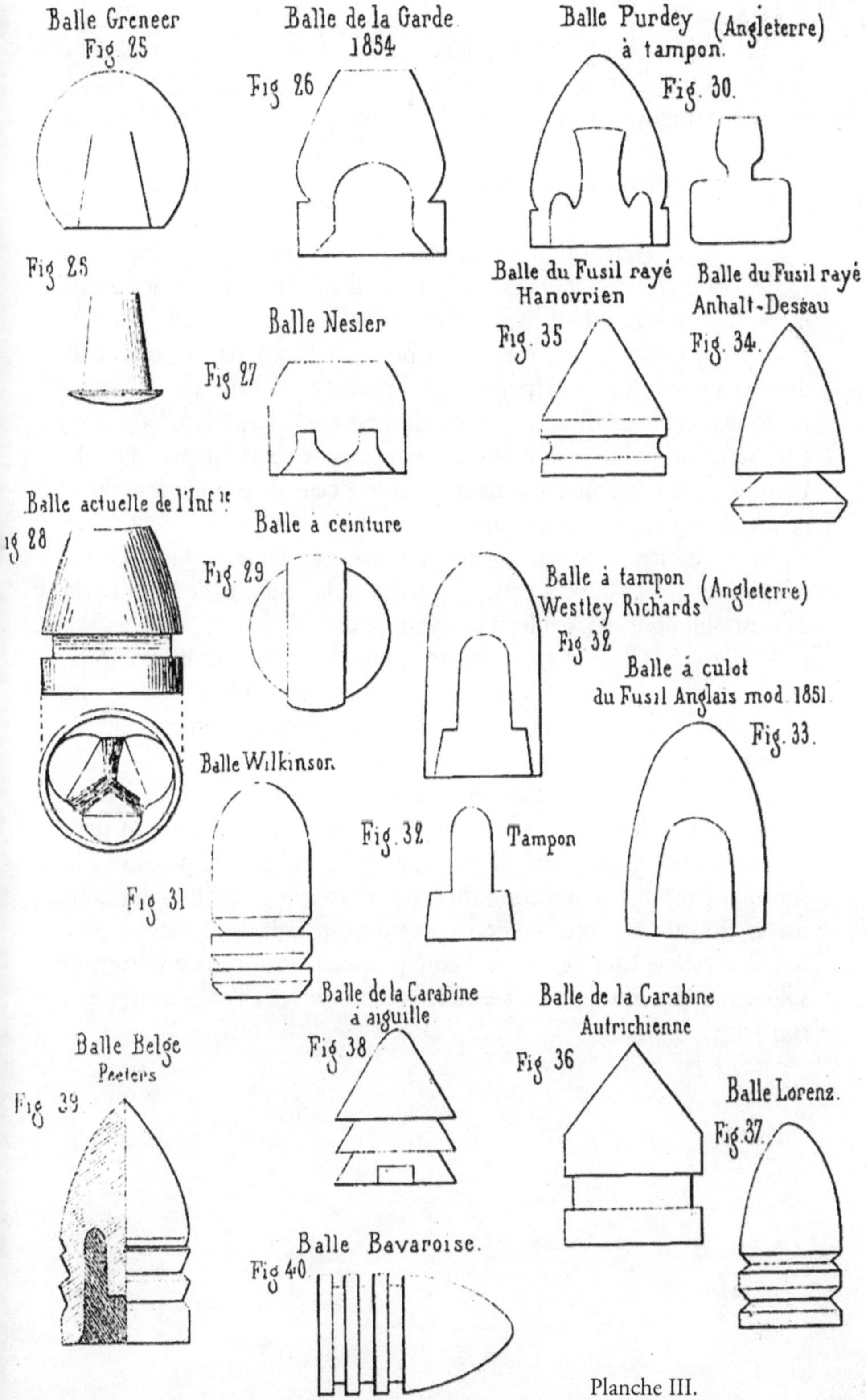
Balle Greneer
Fig. 25
Balle de la Garde
1854
Fig 26
Balle Purdey (Angleterre)
à tampon.
Fig. 30.
Fig 25
Balle Nesler
Fig 27
Balle du Fusil rayé
Hanovrien
Fig. 35
Balle du Fusil rayé
Anhalt-Dessau
Fig. 34.
Balle actuelle de l'Infie
ig 28
Balle à ceinture
Fig. 29
Balle à tampon
Westley Richards (Angleterre)
Fig 32
Balle à culot
du Fusil Anglais mod. 1851
Fig. 33.
Balle Wilkinson
Fig 32
Tampon
Fig 31
Balle de la Carabine
à aiguille
Fig 38
Balle de la Carabine
Autrichienne
Fig 36
Balle Belge
Peeters
Fig 39
Balle Lorenz.
Fig. 37.
Balle Bavaroise.
Fig 40

Planche III.

Elle consistait à placer le pouce sur la capucine à l'élever plus ou moins suivant l'éloignement du but et à faire passer un rayon visuel, par le sommet de la première articulation, par l'extrémité du pouce, etc.

Cette méthode assurément ne peut pas remplacer l'usage de la hausse.

M. Nessler, en 1853, en attendant que l'on donne des armes rayées à l'infanterie cherchait le moyen d'améliorer le tir des armes lisses. Il proposait une balle en forme de calotte sphérique, légèrement évidée, dont l'évidement n'avait pas pour but le forcement, mais était destiné à établir une différence entre les axes de la balle afin d'obtenir un mouvement de rotation autour du plus petit axe. Cette balle avait l'avantage de ne nécessiter aucun changement dans l'instruction des hommes, car la cartouche était semblable à celle de la balle sphérique, et la charge s'exécutait de la même manière.

Enfin les armes rayées ont été données à l'infanterie. C'est encore M. Nessler qui a trouvé la balle adoptée pour le fusil rayé de l'infanterie. Elle est oblongue et à évidement pyramidal.

Elle a été établie d'après les principes des balles de Faucompré ; mais la forme de l'évidement, tout en étant favorable au forcement, a l'avantage de présenter des parties renforcées qui empêchent les déchirements.

Le fusil de l'infanterie comme celui de la garde, n'a pas de hausse. Le tir est très incertain après 400 mètres. Si la hausse à curseur de la carabine n'est pas assez simple, si toutes celles qui ont été proposées ne sont pas dans de bonnes conditions pour être adoptées, il est à désirer qu'on trouve un projectile dont la trajectoire soit assez tendue pour que l'on puisse tirer de but en blanc jusqu'à la limite de la portée. Le soldat d'infanterie sera alors en état d'obtenir tout l'effet possible de son arme.

ARMES ÉTRANGÈRES.

Nous avons vu dans ce qui précède, comment en France le système percutant a été adapté aux armes de guerre, comment l'ancien système a été transformé à percussion, et comment les armes rayées ont remplacé les armes à canon lisse. Je vais examiner maintenant les principales différences qui existent entre nos armes et celles des puissances étrangères, et essayer de donner une idée des principes qui ont été suivis à l'étranger dans l'établissement des armes à percussion, des armes transformées et des armes rayées.

De toutes les armes étrangères, le *fusil anglais* à percussion est celui qui a le canon le plus court (0^{m},99). L'arme totale n'a que 1^{m},842 de long. Cette longueur est en rapport avec la formation sur deux rangs, depuis longtemps adoptée en Angleterre, formation qui permet une arme plus courte pour l'emploi de la baïonnette.

Le calibre du canon est de 19 mill. et celui de la balle 17 mill. 7. Le poids de la charge est 8 gram. 50. Le mode d'attache de la baïonnette est différent du nôtre. C'est un ressort qui la maintient en place avec un tenon qui sert en même temps de guidon.

Il n'y a pas de garnitures ; le canon est retenu au fût comme dans les armes de luxe, au moyen de *tiroirs*.

Dans le fusil anglais transformé, la communication du feu est moins parfaite que dans le nôtre. On a soudé au canon un appendice de lumière sur le côté, de manière à recouvrir l'ancienne lumière, et sur cet appendice on a vissé une cheminée ; ainsi, la flamme de l'amorce est obligée de faire de nombreux détours. Ce mode de transformation a été employé chez plusieurs puissances, mais un grand nombre de ces appendices sont mal disposés. Celui du fusil anglais est dans les moins mauvaises conditions ; il n'est pas trop épais et la charge n'est pas trop éloignée de la capsule. Ce moyen de transformation avait l'avantage de ne pas faire pénétrer la platine trop avant dans le bois, ce qui diminue la solidité de l'arme à la poignée, et de ne pas obliger à contourner le chien, pour qu'il puisse frapper sur la cheminée. En outre, la percussion du chien sur la capsule est plus directe, et celui-ci ne gène pas pour viser.

On peut obtenir l'appendice directement en forgeant le canon dans les armes neuves.

Le *fusil prussien* a été transformé d'après le système anglais. Toutefois, l'appendice de lumière est beaucoup plus développé que dans le fusil anglais. Il en est de même du *fusil danois*. Il y a dans ce système encore un autre inconvénient que celui que j'ai signalé : la crasse s'accumule dans l'appendice, occasionne des ratés et nécessite un nettoyage fréquent.

En Prusse, la platine a d'abord été transformée d'une manière économique. On a laissé l'ancien chien tel qu'il était, et on a soudé entre ses mâchoires un petit marteau à tête évidée (fig. 42), destiné à frapper la cheminée.

Depuis longtemps la Russie a ses armes semblables aux nôtres. Elles n'en diffèrent que par quelques détails de fabrication. Les montures, par exemple, sont en bois blanc noirci et verni. On reconnaît les armes russes transformées, à la vis en cuivre qui bouche l'ancienne lumière et qui fait saillie à l'extérieur du canon. Dans le fusil neuf, la platine est renversée.

Les fusils belges et espagnols à percussion, sont également pareils aux nôtres.

La transformation des anciens fusils au système percutant, et la fabrication des armes neuves d'après ce système, ont donné lieu à plusieurs espèces de platines, telles que la platine à chaînette dont j'ai déjà parlé, et les platines avec appendice de sûreté, que quelques puissances ont adoptées pour éviter les départs accidentels de l'arme.

Dans les platines norvégiennes (fig. 41), et napolitaines (fig. 44 et 45), un crochet mobile placé en arrière du chien et s'engageant dans une entaille faite à sa partie postérieure, empêche celui-ci de toucher la cheminée. La capsule est ainsi à l'abri des contre-coups qui pourraient la faire détoner. Dans la platine de la carabine prussienne (fig. 41), ainsi que dans celle du mousqueton de Saxe, (fig. 43 bis) c'est un couvre-cheminée en fer qui préserve la capsule. Dans la platine du fusil napolitain (modèle 1846), c'est un appendice mobile placé en avant du chien.

ARMES ÉTRANGÈRES

Platine norvégienne
du Fusil d'Infanterie.

Fig. 41

Platine napolitaine.
du Fusil d'Infanterie

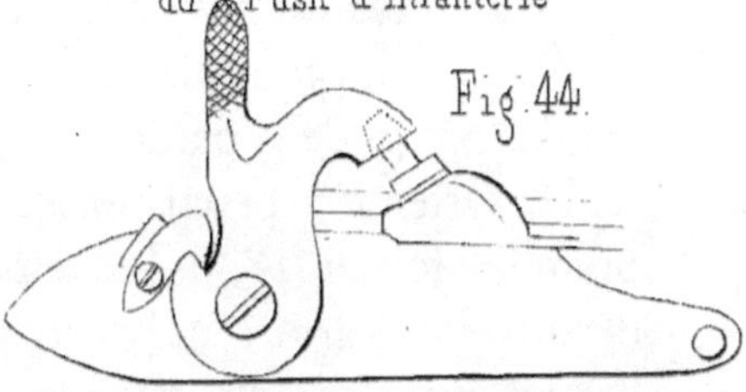

Fig. 44.

Ple prussienne transf e

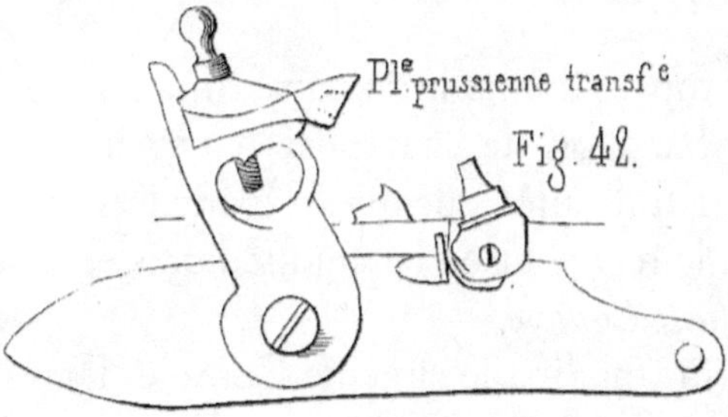

Fig. 42.

Ple napolitaine (1845)

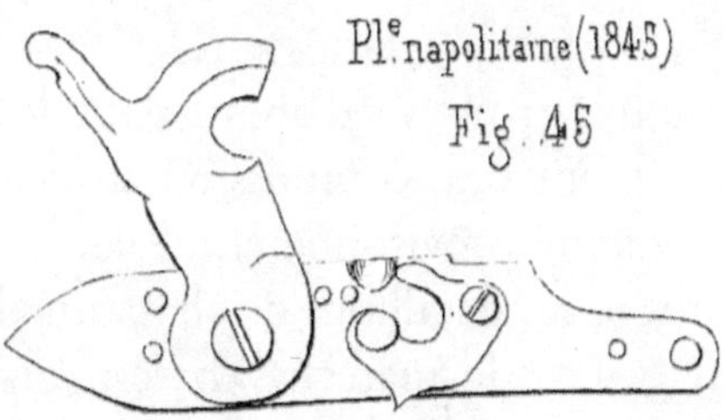

Fig. 45

Ple de la carabine prussienne

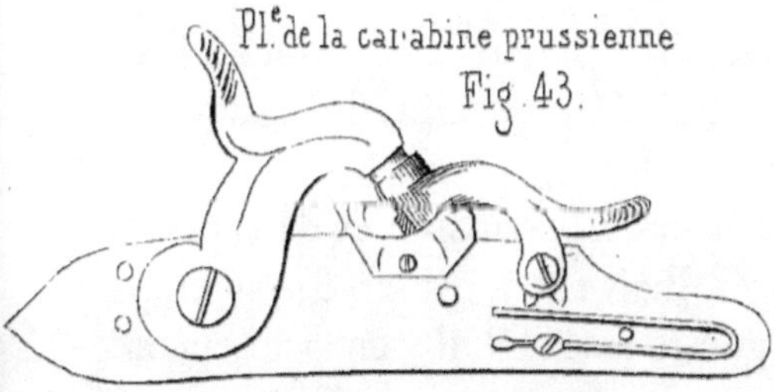

Fig. 43.

Pl. napolitaine 1838

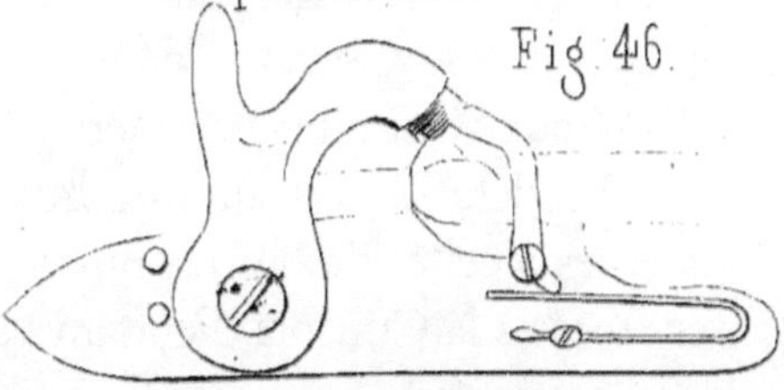

Fig. 46.

Platine autrichienne
à la Console.

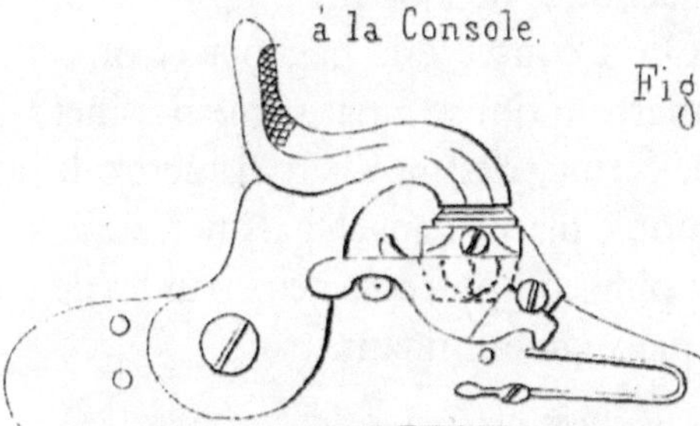

Coté intérieur
et contremarteau armé

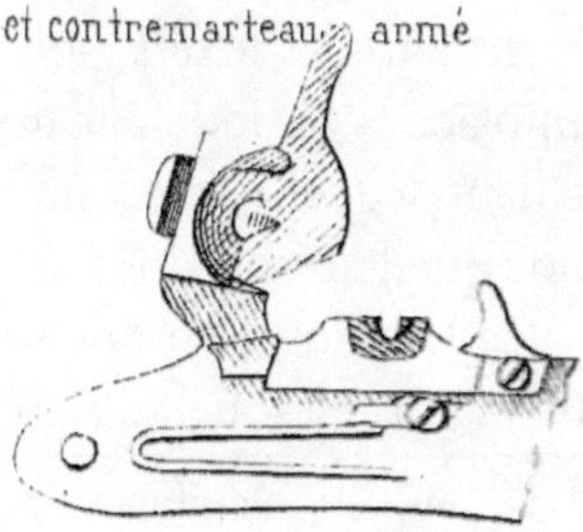

Fig. 47.

Les platines des armes étrangères, surtout celles des carabines, sont souvent mises en jeu par une double détente semblable à celle des armes de luxe et destinées à produire l'inflammation par un mouvement très doux.

Dans la platine hanovrienne, il n'y à pas de vis, toutes les pièces sont réunies par des goupilles. Cette disposition assure toujours la liberté de jeu des pièces de la platine.

Le système à percussion à été mis en essai en Autriche, pour la première fois en 1830. Les dépenses qu'entraînaient la transformation des anciennes armes, ne parurent pas d'abord suffisamment compensées par les avantagés qu'offrait le nouveau système. Le gouvernement ne voulut pas l'adopter.

Quelque temps après, Console proposa un mode de transformation qui fut essayé d'abord dans le 6e bataillon de chasseurs, et ensuite devant une commission spéciale. Il fut, après quelques expériences, adopté provisoirement, et on arma le régiment de l'archiduc Louis et tous les bataillons de chasseurs du *fusil-Console.*

Le feld-maréchal, baron Augustin, modifia le système Console. Il diminua le volume des amorces et les fit faire de forme arrondie, afin d'en faciliter l'usage aux soldats.

Dès le 27 avril 1841, un décret impérial prescrivit l'emploi du fusil percutant à la Console, dans l'infanterie. Ce système fut également adapté aux armes de la cavalerie.

L'Autriche se sert aujourd'hui d'armes à percussion et de capsules pareilles à celles des autres puissances, mais elle a conservé longtemps ses armes à la Console. Pendant la guerre de 1859, il y en avait encore dans ses rangs[12], quoique le fusil rayé et la carabine à tige aient été adoptés officiellement en 1855.

La transformation Console a porté principalement sur la platine. On a substitué à l'ancien chien à mâchoires de la platine à pierre, un chien-marteau à tête non évidée. On a conservé le bassinet et on a remplacé la batterie par un contre-marteau qui se rabat sur le bassinet et dans lequel glisse une dent cunéiforme, destinée à transmettre le choc quelle reçoit du marteau à l'amorce placée dans le bassinet.

Cette amorce est une sorte d'étoupille composée de deux bandes de cuivre entre lesquelles se trouve un mélange fulminant.

12 Le musée de Saint-Thomas possède plusieurs armes à la Console, données vers 1845, et un pistolet pris dans notre dernière campagne d'Italie. Il possède une collection complète d'armes étrangères envoyées en 1845.

Comme exemple de ce système, disons un mot de la carabine des chasseurs.

La carabine Console a un canon bronzé à pans, rayé à l'intérieur. Elle a une hausse à lamettes et un guidon en cuivre, mobile, à queue d'aronde. Les garnitures sont en cuivre ; la sous-garde est bronzée ainsi que le pontet et l'écusson. Celui-ci porte en arrière une élévation pour maintenir les doigts du tireur ; il est fixé à la monture par un bouton vissé, servant de porte-bretelle. La détente est à queue cintrée. La crosse est munie d'un réservoir pour porter les accessoires.

Celle carabine a un sabre-baïonnette à longue lame plate, qui se fixe au canon au moyen d'une douille à une fente, et qui y est maintenue par une bague tournant sur un bourrelet. On charge la carabine autrichienne avec une baguette en bois et un maillet. La longueur de l'arme, montée avec le sabre baïonnette, égale 1^{m} 740 ; la longueur de la lame du sabre, au-delà de la tranche, est de 0 ^{m} 685 ; le poids total est de 4 kil. 350 ; le poids du sabre 0 kil. 730. — Le calibre de l'arme égale 15 mil., celui de la balle 14 mil. 3 ; le poids de la balle est de 17 gr, 1 ; le poids de la charge 3 gr, 8.

La balle a été remplcée par une balle cylindro-conique, du poids de 12 gr. 30 (fig. 36, Pl. III, p. 49).

Enfin, l'Autriche a adopté pour l'infanterie en 1855, le fusil rayé tirant une balle inventée par M. Lorenz, et la carabine à tige pour les chasseurs.

Dans certaines armées, en Autriche, en Bavière, en Saxe, par exemple, la cavalerie a des mousquetons rayés. Elle a des pistolets dont la baguette est reliée au canon, afin qu'elle ne se perde pas, au moyen d'un étrier dans lequel elle glisse ; par exemple, le pistolet bavarois (fig. 48, Pl. V, p. 57) et le pistolet anglais (fig. 49).

Enfin, on trouve dans certains corps de cavalerie, à la place de mousqueton, des pistolets à *crosse mobile*, exemple : le pistolet norvégien (fig. 50). Cette crosse est en bois ou en fer. Elle s'adapte à la poignée du pistolet au moyen de crochets et de vis, lorsque le cavalier veut s'en servir comme d'un mousqueton. En Suède, le cavalier a deux pistolets, un à canon lisse, l'autre à canon rayé. Ce dernier est à crosse mobile ; il peut ainsi servir pour tirer de loin ou pour tirer à brûle-pourpoint. Ce système de crosse mobile a été imaginé par le général Freitag et remonte au temps de la guerre de Sept ans.

Les progrès faits sur le tir et sur les armes à feu en France, pendant le règne de Louis-Philippe, éveillèrent l'attention des puissances étrangères. Déjà, en 1835, en Angleterre, par ordre du duc Wellington, on avait donné à la brigade légère (Riflemen) une carabine dite *carabine de Brunswick* ou à *balle à ceinture*. On ne se borna pas à cette innovation, on chercha à rivaliser avec nous sous le rapport des armes rayées en adoptant des inventions que nous n'avions pas acceptées avec assez d'empressement.

En 1851, le gouvernement anglais prescrivit l'emploi du fusil rayé, dit *Minié rifle musket* ou *carabine Minié,* pour remplacer la carabine à balle à ceinture.

La carabine à ceinture a été imaginée par un capitaine brunswikois, M. Berner ; elle est connue en Allemagne sous le nom d'arme ovale, et a été adoptée par la Russie dès l'origine. Elle ne s'écarte pas beaucoup des dimensions des autres carabines dont il a été déjà question ; mais elle en diffère essentiellement comme principe. Le canon long de 86 c. d'un calibre de 17 ^{mm} 9, a deux rayures en spirale ; la balle est sphérique et porte un appendice annulaire, elle pénètre dans le canon comme un tiroir dans ses rainures. Ainsi il n'y a pas, à proprement parler, de forcement dans le chargement, et néanmoins le projectile en sortant de l'âme de la carabine est doué d'un mouvement de rotation propre aux balles forcées.

La balle, du poids de 36 gr. et du calibre de 17^{mm} 2, se tirait avec une charge de 4 gr. 43, et portait jusqu'à 700 mètres environ.

Cette carabine a été maintenue jusqu'en 1851.

À cette époque, comme souvent aujourd'hui, afin peut-être de détourner l'attention de leurs rivaux sur des projets ambitieux, on répandit dans le public des bruits d'invasion. Le comité d'artillerie crut devoir prendre des mesures pour être prêt à toute éventualité, et il ordonna la fabrication de 28000 fusils rayés. On choisit pour modèle un fusil fait à Liège sur les données du fusil Minié. Cette arme était lourde, d'un calibre trop grand et tel qu'on ne pouvait utiliser les projectiles sphériques anglais.

La balle était de forme oblongue et ressemblait à la balle à culot, si ce n'est qu'elle n'avait pas de cannelures et que la partie postérieure n'était pas cylindrique, mais de forme parabolique. La forme de cette balle nuisait à sa stabilité dans le canon, mais la manière dont elle était faite lui donnait un avantage sur la balle à culot, celui d'une grande homogénéité. Elle était obtenue par la compression du plomb à froid et non par le coulage[13]. Ce procédé empêche les soudures et assure la position du centre de gravité de la balle sur son axe.

13 On a proposé ce mode de fabrication en France, et le musée possède une machine de compression appropriée à cet usage.

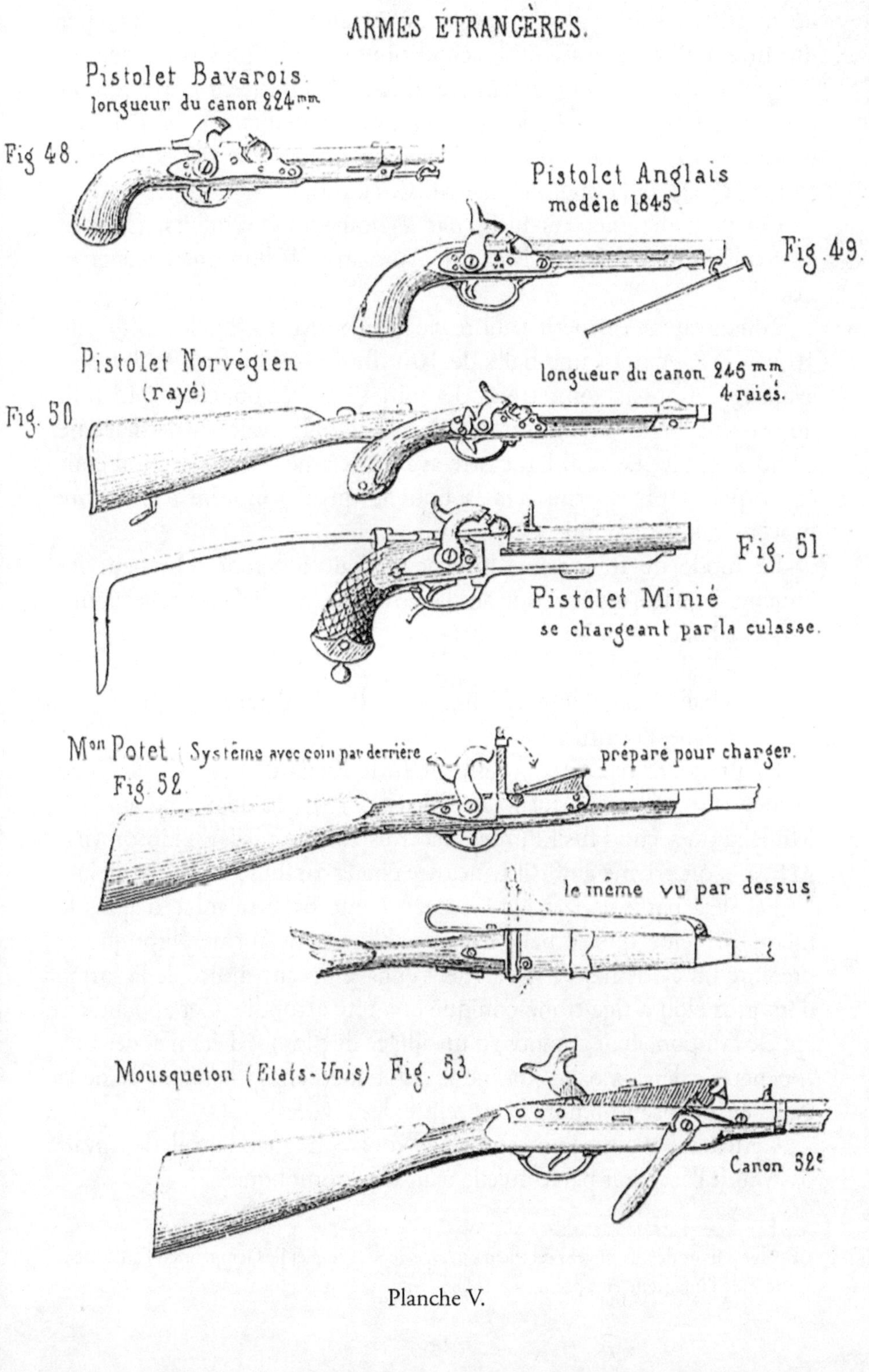
ARMES ÉTRANGÈRES.
Pistolet Bavarois
longueur du canon 224mm
Fig 48.
Pistolet Anglais
modèle 1845
Fig. 49.
Pistolet Norvégien
(rayé)
Fig. 50
longueur du canon 246 mm
4 raies.
Fig. 51.
Pistolet Minié
se chargeant par la culasse.
Mon Potet (Système avec coin par derrière
préparé pour charger.
Fig. 52
le même vu par dessus
Mousqueton (Etats-Unis) Fig. 53.
Canon 52c

Planche V.

Les carabines Minié n'ayant pas été établies sur des données déduites de résultats d'expériences, on se mit en devoir de rechercher un autre modèle remplissant les conditions de tir les plus avantageuses. On mit la question au concours : plusieurs fusils furent présentés par des armuriers civils. On les soumit immédiatement à de sérieuses expériences à Enfield, et on examina comparativement avec eux le fusil Minié (1851), et la carabine de Brunswick.

On peut désigner ces fusils par le nom des inventeurs. Ce sont les fusils Purdey, Westlev-Richard, Lancastre, Wilkinson, Greener et Lowel.

Tous avaient un petit calibre, le fusil Purdey avait le calibre de 16 mil. 51, et tirait une balle de 16 mil. 33. — Le fusil Wilkinson avait un calibre au tonnerre de 13 mil, 49 et à la bouche de 13 mil. 46, et une balle du calibre de 13 mil. 39. Il avait ainsi une âme tronc-conique. Le fusil Lancastre avait une âme dont la section était elliptique et plus petite vers la bouche qu'au tonnerre ; le calibre moyen était de 14 mill.

Le mode de forcement de chacun était différent. On peut les ramener à quatre espèces, suivant la nature de la balle. Ces balles sont :

1° La balle à tampon

2° La balle à culot.

3° La balle à cannelures se forçant par le refoulement.

4° La balle à ceinture.

La première balle appartient au fusil Richard, (fig, 32) au fusil Purdey (fig. 30) et au fusil Greener (fig. 25) ; la deuxième au fusil Minié, à un second fusil Purdey ; la troisième au fusil Wilkinson (fig. 31), et la quatrième au fusil Lancastre et à la carabine de Brunswick.

J'ai déjà parlé de la balle Greener. Cette balle se force d'après le même principe que la balle à culot. Elle est de forme elliptique et présente un évidement dans lequel s'engage un appendice de la forme d'un gros clou à tige tronc-conique et à tête arrondie. Cet appendice, appelé tampon, était composé d'un alliage de plomb, d'étain et de zinc. Il pénétrait dans la balle comme le culot augmentait le diamètre de la balle, et lui faisait prendre l'empreinte des rayures[14].

Cette balle avait déjà été essayée à Woolwich ; mais l'artillerie n'avait pas voulu l'accepter parce qu'elle était trop compliquée.

---

14 Pour plus de détails, voyez l'excellent ouvrage de M. Gaugler fie Gempen, sur l'armement rayé de l'infanterie européenne en 1858.

Le fusil Westley-Richards avait une balle évidée avec un *tampon* en corne (fig. 32).

Le fusil Lancastre était établi d'après un principe analogue à celui de là carabine de Brunswick ; mais il n'y avait pas de rayures proprement dites, l'âme avait la forme d'une ellipse, et le projectile étant de forme cylindro-ogivale, le forcement se faisait par expansion. — La rayure était parabolique.

Le fusil Lowel tirait la balle à culot.

Le fusil Wilkinson avait un système de forcement nouveau, le refoulement. Les cannelures avaient pour but d'aider au refoulement du projectile sur lui-même lorsqu'en bourrant on le frappait avec la baguette. Le plomb pénétrait dans les rayures par suite de cet écrasement de la balle.

Les expériences prouvèrent l'infériorité de la carabine de Brunswick. Les carabines Wilkinson et Purdey furent reconnues les plus justes. — Toutefois, aucune de ces armes ne fut adoptée et la commission fit établir à Enfield une nouvelle arme à trois rayures, tirant une balle cylindro-ogivale évidée et sans culot (fig. 33), inventée par l'armurier Pritchett. Cette arme fut éprouvée à Enfield, puis à l'école de Hythe. Elle donna 55 % à 500 m. et 43,5 à 550 m. — On lui fit subir encore quelques modifications, et elle fut définitivement adoptée sous le nom de fusil rayé modèle 1853[15].

Le système Wilkinson a été imité, dans plusieurs États allemands. Ainsi le fusil rayé de Dessau se charge avec une balle ayant une seule cannelure (fig, 34) du poids de 30 gr., et se forçant par refoulement. La carabine autrichienne donnée en 1855 en remplacement de la carabine Console, aux chasseurs à pied, tire une balle inventée par M. le lieutenant Lorenz, qui se force par refoulement (fig. 37). Cette balle, du poids de 29 gr. 17, a même été adoptée pour toute l'infanterie autrichienne.

La carabine à aiguille prussienne dont sont armés les tirailleurs et les chasseurs de la garde, semblable comme système au fusil à aiguille de l'infanterie prussienne que je décrirai dans le paragraphe suivant, a un projectile de forme conique (fig. 38) qui se force par refoulement et en même temps par la différence des calibres.

Dans certaines armées, le système à tige a été combiné avec le système Wilkinson ; en Hanovre, par exemple, en Bavière, etc. Le projectile du fusil rayé hanovrien (fig. 35) pèse 29 gr. et est cylindro-

15 En 1855, on a ajouté un culot en buis à la balle Pritchett.

conique. — Celui de la carabine bavaroise à tige (m. 1854) (fig. 40), a des cannelures très profondes qui certainement facilitent par le refoulement le forcement sur la tige.

Enfin, on a aussi adopté les balles expansives, c'est- à-dire les balles évidées se forçant par la pression des gaz ; telle la *balle belge de Peeters*, (fig. 39) projectile analogue à ceux de Faucompré et de Nessler.

Jusqu'ici on a vu, qu'en général, les armes rayées adoptées pour le service de guerre se chargent avec des projectiles d'un assez fort calibre et d'un poids beaucoup plus grand que celui des balles sphériques. Dans quelques pays on fait usage d'armes d'un très petit calibre. La justesse de quelques-unes est remarquable. Je citerai particulièrement la *carabine fédérale suisse* et une carabine américaine.

La carabine suisse est faite comme les armes de luxe. Elle ne peut donc convenir qu'à des troupes fédérales qui s'arment à leurs frais. Elle exige un soin particulier. —-Sa platine est à percussion ; elle à deux ressorts et une chaînette qui relie le grand ressort à la noix. La carabine suisse est munie d'une doublé détente et d'une hausse à rotation réglée en pas (fig. 62, Pl. IX). Le canon est en fer soudé à chaud et foré, et a huit rayures dont la largeur des pleins égale celle des vides. — La culasse est en fer trempé, la cheminée en acier anglais. — Le canal de la cheminée est doublé en cuivre.

Le calibre de cette armé est de 3 lignes 7 traits (10 mill. 5). La balle en plomb doux fondu pèse entre 1/28 et 4/32 de livre (16 gr. 66) (fig. 60).

On charge avec une poire à poudre, on se sert de poudre de chasse dont on verse de 3 gr. 8 à 4 gr. 1 dans le canon au moyen d'une petite mesure ; on met ensuite la balle qui est enveloppée d'un petit *calepin* de mousseline.

Ce calepin est imbibé d'une graisse composée de 2/3 saindoux et de 1/3 suif de mouton. — Il est attaché à la balle au moyen d'un fil qui ne doit pas entrer dans le canon.

Il faut charger avec beaucoup de précaution, la balle ne doit pas reposer sur la poudre. Pour obtenir ce résultat, la baguette est munie d'un bourrelet qui heurte contre la bouche du canon et l'empêche de s'enfoncer jusqu'au bout. On doit laver l'arme tous les dix coups. — On voit par ces détails combien de précautions il faut pour charger la carabine suisse.

Aussi les conditions de justesse de cette arme ne peuvent être que difficilement remplies lorsqu'elle n'est plus entre les mains de tireurs isolés et très exercés.

Les expériences faites en Suisse avaient donné d'excellents résultats. On avait tiré sur des cibles de dimensions variées.

Depuis la distance de 200 pas jusqu'à 1000 pas, on avait obtenu sur une cible carrée de 2 ^{m} 40 de côté, — cent pour cent ; — sur des cibles plus petites (1 ^{m} 80 sur 1 ^{m} 20), on avait également obtenu cent pour cent.

Cette carabine fut expérimentée à Vincennes, mais on employa de mauvais calepins, et on oublia de laisser un vide entre la charge et la balle ; on n'eut que des pour cent très faibles. — On se servit ensuite de calepins en mousseline, de poudre fine, on laissa l'intervalle nécessaire entre la balle et la charge, et on eut également cent pour cent jusqu'à 600 m sur une cible de même dimension.

Cette carabine est désignée sous le nom de carabine *fédérale modèle* 1851.

Le tir à la cible a toujours atteint en Suisse une grande perfection, et les carabines de ce petit état ont eu de tout temps une grande réputation. Aussi, lors de la propagation des nouvelles idées sur les armes rayées, un grand nombre de projets ont été proposés : les principales sont la carabine Wild, les carabines d'Uri, de Glaris, de Berne, etc.

La carabine américaine à télescope a encore un plus petit calibre que la carabine suisse. C'est une arme rayée dont la balle (fig. 61) de forme ogivale, pèse seulement 10 gr. et se force à l'aide d'un calepin.

Le poids de celle carabine est tel, qu'on ne peut la tirer que sur appui. C'est un véritable fusil de rempart. Sa longueur, le mécanisme de sa platine, ses dimensions générales, sont à peu de chose près celles des carabines ordinaires, mais le canon est très-épais ; c'est ce qui la rend très lourde. Cette épaisseur de métal empêchant les vibrations du canon est une cause de justesse.

Le mode de pointage est parfait, mais compliqué. Le long du canon est établi une lunette maintenue par un support à charnière, à l'extrémité du canon, et par une vis micrométrique du côté du tonnerre.

Cette lunette, quoique d'un diamètre d'un centim. ½ à 2 cent, seulement, est très puissante, et permet de voir dans la cible à 800 m. les trous faits par les balles.

Cette carabine fut essayée à l'École de tir en 1853.

Elle est d'une précision remarquable. Il n'y a pas une balle qui, à 800 m., n'atteigne un cercle de 30 cent. de diamètre. — Un pareil résultat étonne, surtout lorsqu'on considère les petites dimensions du projectile.

Les armes à feu sont souvent dangereuses. Les accidents causés par la maladresse, l'imprudence, l'incurie, se renouvellent chaque jour. C'est peut-être là ce qui a fait chercher à leur substituer d'autres engins : tels que les *fusils à vent*, dont un des grands avantages serait surtout l'économie de la poudre.

L'Autriche, dans la première campagne des guerres de la Révolution, arma des chasseurs avec des *arquebuses à vent*. — Elle se servit ensuite d'*armes à vent* dans la défense des places. — On en essaya aussi dans d'autres armées pour la guerre de mines. Elles avaient l'avantage de ne pas empoisonner les galeries.

Les fusils à vent ont la forme extérieure d'un fusil ordinaire. Ils sont pourvus d'un réservoir à air et se chargent avec une pompe à air. Tantôt le réservoir est vissé sous la poignée, tantôt il est logé dans la crosse. Ils peuvent recevoir plusieurs charges.

En général, ils font peu d'effet : la pénétration des projectiles est très petite et les portées diminuent à chaque coup. — Leur découverte date du XVe siècle, leur usage se répandit en Europe dans le XVIIe siècle.

Je ne m'étendrai pas davantage sur les armes étrangères, renvoyant pour leur description complète et détaillée aux ouvrages spéciaux[16]. Je ne discuterai pas non plus leur mérite relatif, je terminerai cette étude par l'appréciation d'un auteur anglais sur les armes rayées.

> « L'Allemagne a de bonnes carabines, paisibles, inoffensives comme ses soldats, des carabines d'un calibre modéré, d'une dimension modérée, tirant avec une charge modérée, d'une portée et d'une pénétration modérée. »
>
> « Les Français n'ont pas su comprendre les armes rayées. Leur tête n'est pas organisée pour marcher dans la véritable voie de l'art mécanique. Leurs carabines à balle forcée n'ont été souvent qu'une conception inintelligente, car ils en ont fait longtemps avec des rayures droites. Les Français ignorent « l'harmonie des sphères ; » ils n'ont jamais réfléchi que les planètes sont *rifled*[17] (intraduisible). »

---

16 Piobert. — *Traité d'artillerie.*
Homilius, — *Cours sur la construction et la fabrication des armes à feu* ; 1 vol. in-8°, chez Corréard.
François Muller. — *Traité des armes portatives* ; 1 vol. in-8°, chez Corréard.
Essai d'une description de l'armement rayé de l'infanterie européenne en 1848, par Gaugler de Gempen. — 1 vol. in-8°, Corréard. — Paris.

17 Carabinées, douées d'un mouvement propre aux balles des carabines.

Après cette singulière réflexion l'auteur ajoute que les carabines anglaises ont toujours été faites dans les meilleures conditions ; et que les idées de John Bull sur les armes rayées sont seules sensées et justes[18]. Je ne pense pas que l'on soit obligé de partager cette opinion.

18 Dove, Esq. Description et construction des revolvers.

ARMES SE CHARGEANT PAR LA CULASSE

SYSTEME ROBERT

Fig. 54

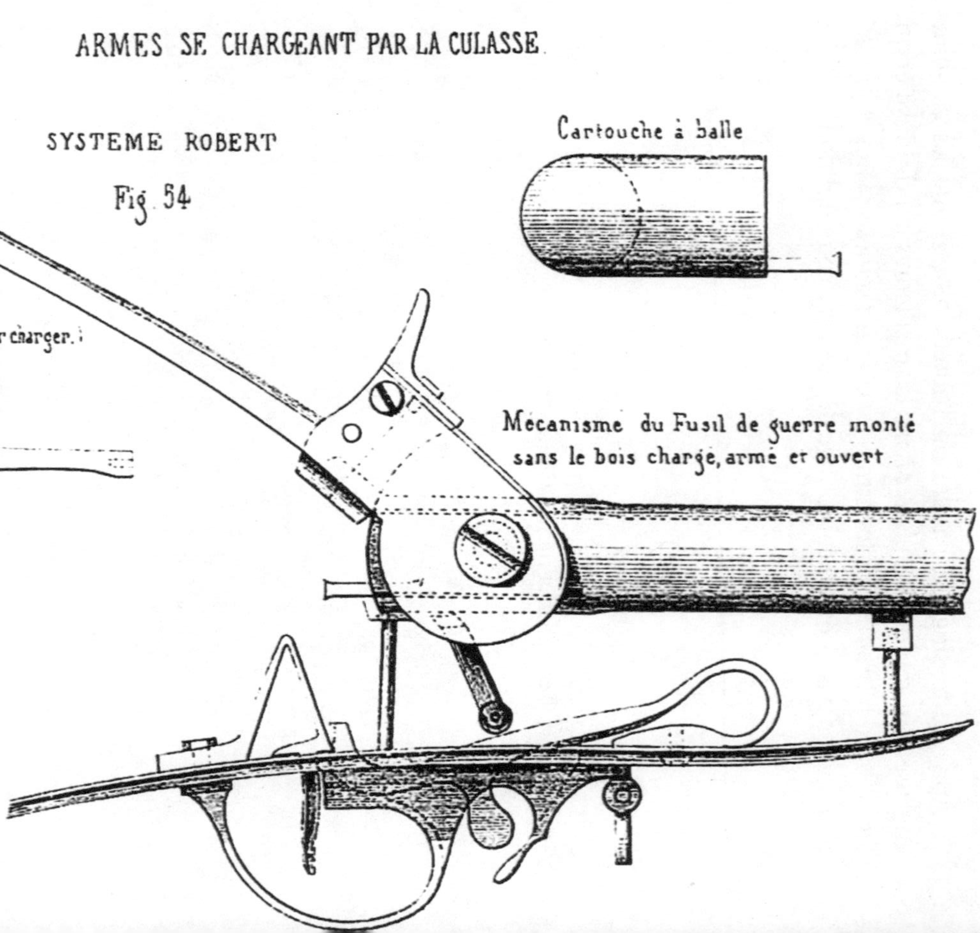

Mécanisme du Fusil de guerre monté sans le bois chargé, armé et ouvert.

Cartouche à balle

MOUSQUETON LEPAGE

Fig. 55

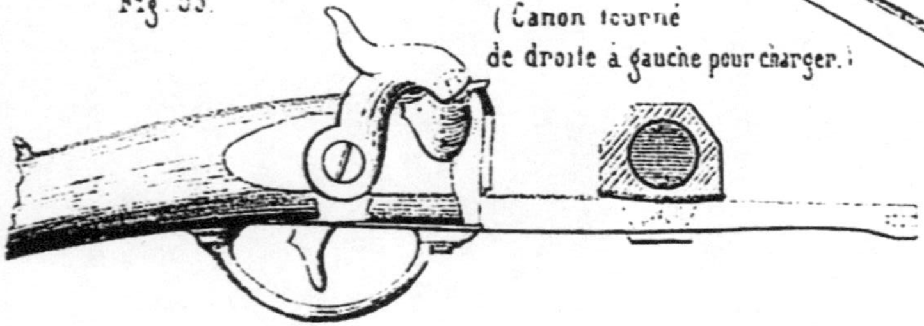

(Canon tourné de droite à gauche pour charger.)

Platine de la Carabine Saxe.

Fig 43 bis

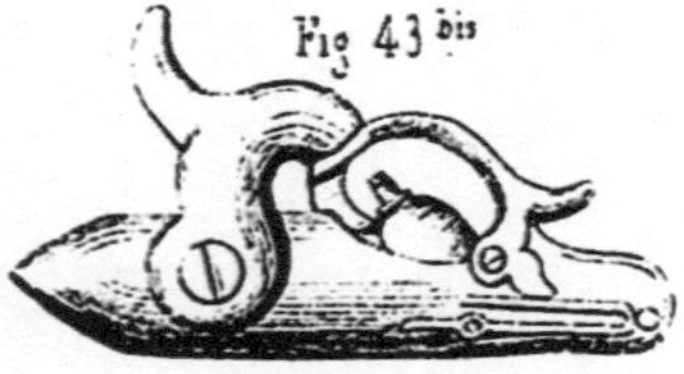

ARMES SE CHARGEANT PAR LA CULASSE

Dans le principe, les armes à feu se chargeaient par la culasse, on les chargea ensuite par la bouche.

Le chargement par la culasse présente de grands avantages, aussi essaie-t-on depuis longtemps de trouver le moyen de l'employer dans les armes de guerre. Jusqu'ici on n'a réussi qu'imparfaitement. Les inconvénients sont tels qu'on le considère toujours comme une exception.

Les systèmes d'armes se chargeant par la culasse, sont nombreux. On peut les grouper en trois catégories :

Dans le premier groupe, on placera les armes dont le canon se sépare de la culasse par le renversement de celui-ci ; le mouvement du canon peut se faire de différentes manières (systèmes Lefaucheux. Lepage, etc.).

Dans le deuxième groupe, on comprendra celles qui ont une ouverture à la partie supérieure du canon, qui se referme lorsque la charge est introduite (système Manceaux, etc.).

Le troisième se composera des armes dont le tonnerre est détaché du canon, et se relève ou s'abaisse pour recevoir la charge. Le canon n'est pas mobile. (Fusil de rempart modèle 1831).

Cette division est tout à fait arbitraire ; elle n'est point basée sur l'ordre historique des inventions, qu'il serait difficile de retrouver, et dont l'intérêt est médiocre d'ailleurs. Elle ne l'est pas non plus sur des raisons technologiques ; mais elle peut faciliter l'étude de ces armes. — Il y a peu de modèles réglementaires d'armes se chargeant par la culasse.

Afin d'avoir une idée suffisante des projets qui ont été proposés, des essais qui ont été tentés, il suffira de donner quelques renseignements sur les principaux systèmes imaginés dans ces derniers temps : ce sont ceux de Julien Leroy, Lepage, Potet, Lefaucheux, Minié. à aiguille, Treuille, etc.

Le fusil Leroy (fig. 9, p. 31), est un des premiers systèmes proposés dans ce siècle. — On a vu que ce fusil fut imaginé pour substituer à l'ancien système d'amorce, celui des capsules et de la poudre fulminante. Il se chargeait par la culasse au moyen d'une cartouche ordinaire. Le canon tournait autour d'un axe parallèle à celui du canon, et présentait sur le côté l'orifice du tonnerre.

Le mousqueton Lepage (fig. 55, p. 64) date de 1830. Il est à percussion. Le canon tourne de droite à gauche autour d'un axe vertical. On rend ce mouvement libre en dégageant légèrement la capucine. Lorsque l'on a chargé, on fait pivoter le canon et on replace la capucine, on arme et le mousqueton est en état de faire feu.

Le fusil Robert et le fusil Lefaucheux sont les deux systèmes qui ont le plus de renommée.

Le fusil Robert (fig. 54) est à canon lisse et à chambre. Le chargement par la culasse n'a eu pour but que d'augmenter la rapidité du tir. — Le canon s'ouvre par derrière au moyen d'un levier qui est placé le long de la monture. La cartouche portant avec elle une amorce fulminante, est introduite dans la chambre de manière que l'amorce soit en dehors.

Un chien-marteau placé dans l'intérieur de la poignée, s'arme par l'effet du mouvement de bascule du levier. Après avoir chargé on abaisse le levier. En pressant sur la détente, on dégage un arrêt qui retient le chien. Celui-ci poussé par un ressort en saillie sous la sous-garde, frappe l'amorce et le coup part. — Cette arme tirait de 12 à 13 coups à la minute.

On ne l'a pas adopté parce que le mécanisme est compliqué, difficile à nettoyer, à démonter et à remonter, parce que la fabrication du fusil, celle des munitions, ainsi que l'exécution des réparations sont difficiles et dispendieuses, parce qu'il y a un encrassement considérable qui, joint à des débris de cartouche, empêche de tirer longtemps, et enfin parce qu'il se produit un crachement dangereux pour le soldat,

Le fusil Lefaucheux (fig, 56) est beaucoup plus simple et plus avantageux, C'est une imitation de son fusil de chasse. Il est à percussion avec platine et cheminée ordinaire. Il a une baguette qui sert au besoin à retirer la cartouche pour décharger l'arme, La cartouche est munie d'un tube en cuivre qui se dilate par la chaleur et empêche l'échappement du gaz. Le bois se termine à la poignée par une pièce en fer qui sert de bouchon de culasse. Le fut est en fer ; le canon bascule autour d'une

ARMES SE CHARGEANT PAR LA CULASSE.

SYSTÈME LEFAUCHEUX.
Fig. 56.

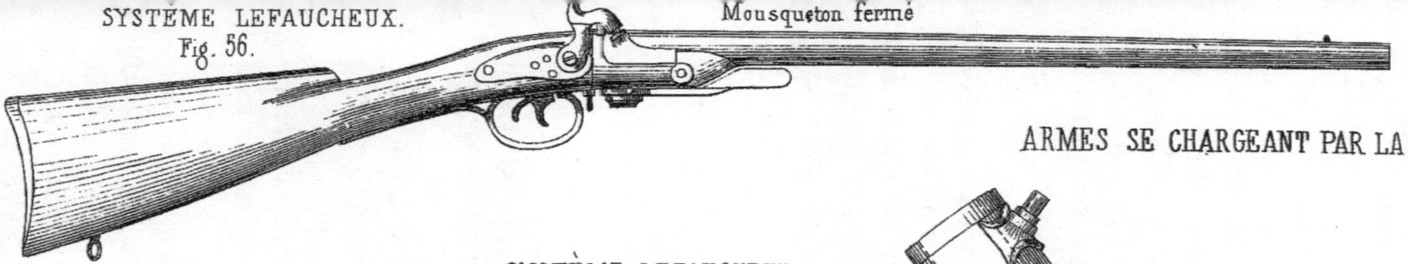

Mousqueton fermé

SYSTÈME LEFAUCHEUX.
Fig. 57.
Fusil monté sans le bois et ouvert.

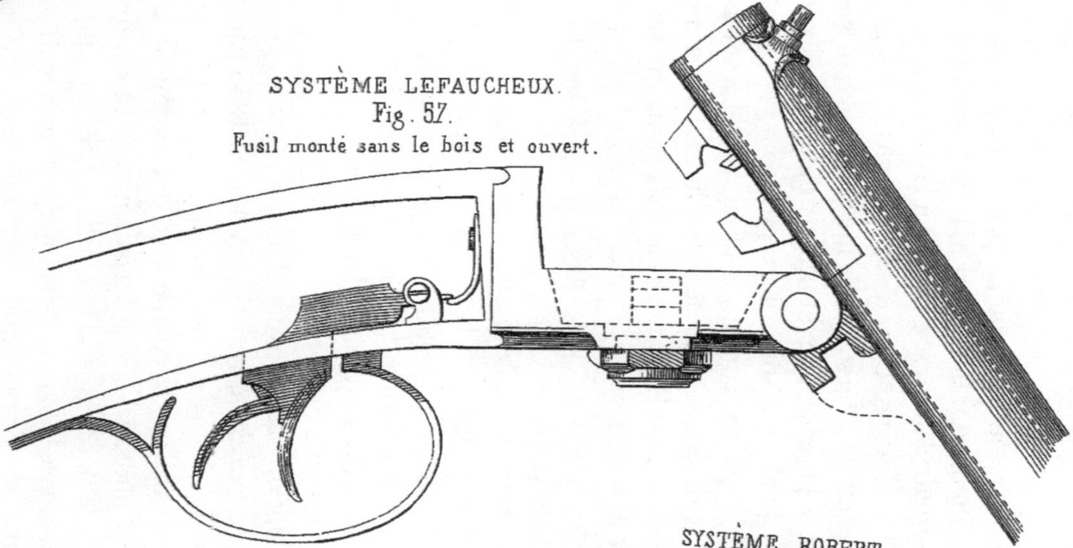

Clef du fusil.

SYSTÈME LEFAUCHEUX.
Fig. 58.

SYSTÈME ROBERT
Fig. 54 bis. Fusil de Guerre armé et fermé

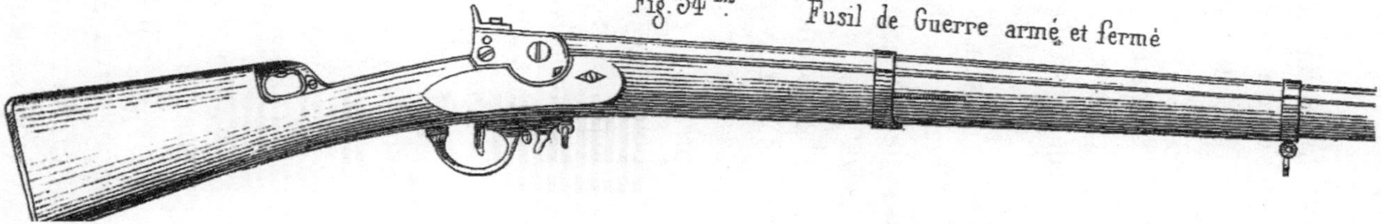

forte charnière ; il est retenu au fût par un double crochet dans lequel s'enfonce une pièce d'attache placée sous l'arme,

Cette arme diffère des fusils de chasse du même armurier, en ce que dans ces derniers il n'y a pas de baguette et pas de cheminée. — L'amorce est placée dans la cartouche, et une petite broche, en saillie à l'extérieur, fixée au-dessus de la capsule, sert de cheminée.—Les fusils de chasse *Lefaucheux* sont trop connus pour nous y arrêter davantage.

Ils ont été légèrement modifiés par Marquis, armurier à Paris.

Les fusils *Marquis* peuvent se charger par la culasse ou par la bouche, comme les fusils ordinaires. Dans le cas où le chasseur serait dépourvu de cartouches spéciales, il lui suffira de mettre dans la culasse, à la place de la cartouche à broche, deux bouchons de culasse d'acier, portant chacun une cheminée, qui sont faits exprès pour cela. Il pourra alors charger avec la baguette comme à l'ordinaire. Le mouvement de bascule de l'arme diffère de celui de Lefaucheux. La charnière est plus près de la culasse, et c'est le pontet et la sous-garde qui servent de clé pour dégager le mouvement de bascule. L'arme ne peut partir tant que le pontet n'est pas à sa place, par conséquent tant que la bascule n'est pas complètement fermée.

Ce système a été admis à l'exposition universelle de 1855.

On peut encore ranger dans la première catégorie le pistolet Minié (fig. 51), dont le canon se retourne complètement pour la charge, et qui a une crosse mobile imitée des armes étrangères. Cette arme n'offre d'autre intérêt que celui du nom de l'inventeur.

Je passe au deuxième groupe.

Une arme dont on parle souvent et qui est peu connue, c'est le fusil *à aiguille prussien (zundnadelgewehr)*, inventé en 1835 par un bavarois nommé Dreyse.

Ce fusil se charge par la culasse avec une cartouche à sabot, qui porte avec elle l'amorce destinée à l'enflammer. La cartouche est en carton mince ; elle se compose d'une balle sphéro-conique, d'un petit sabot sur lequel repose la balle et de la poudre de guerre. Il y a au centre de ce sabot, du côté de la poudre, une petite-cavité qui renferme du fulminate.

Pour placer la charge on découvre le tonnerre de l'arme, en ouvrant une espèce de verrou dont la poignée est au-dessus du canon, et sert aussi à maintenir l'arme dans la position de l'*arme au bras* ; on introduit la charge et on referme le tonnerre. Le mécanisme qui sert à ouvrir et à fermer le tonnerre sert aussi de platine.

Cette platine se compose de deux tubes qui glissent l'un dans l'autre, d'un ressort à boudin, d'une aiguille de la grosseur d'une forte aiguille à tricoter, d'une fourchette d'arrêt, d'une détente. En retirant en arrière la petite platine, on met le talon de l'aiguille en communication avec l'arrêt de la fourchette.

En repoussant en avant la petite platine, on tend le ressort à boudin et le fusil est prêt a faire feu. On ne doit remettre la petite platine à sa place, que lorsque la charge est introduite et la grande platine mise à sa place. Lorsqu'on agira sur la détente, la fourchette s'abaissera et le ressort, n'étant plus retenu, chassera l'aiguille qui viendra frapper le fulminate et déterminer, l'inflammation.

Cette arme a une hausse à lamelles, correspondant aux distances comprises entre 150 et 450 mètres. Elle a une baïonnette triangulaire. Le canon est à chambre et à 4 rayures. Le forcement de la balle se fait par la différence des calibres. On peut charger et tirer deux fois plus vite qu'avec un fusil ordinaire, avec le fusil à aiguille ; mais bien qu'il soit facile à entretenir et simple à démonter, il peut facilement se détraquer. Il est difficile de se rendre compte de cette arme sans l'avoir vue, et on ne peut, dans une description de ce genre, qu'en donner une idée très imparfaite. Il y en a un modèle dans la collection du musée d'artillerie de Saint-Thomas-d'Aquin (n° 2705).

Depuis qu'il a été envoyé, ce fusil a reçu quelques modifications, mais le principe en est resté le même.

Les avantages de cette arme sont ceux de la plupart des armes se chargeant par la culasse : suppression de la baguette : diminution des ratés produits par l'état de l'atmosphère ; chargement toujours égal, forcement régulier, par suite justesse plus grande dans le tir ; diminution des causes d'accident, par l'impossibilité où est le tireur de mettre plusieurs charges l'une sur l'autre ; rapidité du tir, etc., etc.

À côté de ces avantages, il faut signaler quelques inconvénients : complication de la cartouche ; difficulté de transport des munitions et difficulté d'approvisionnement ; consommation excessive de munitions par suite d'un tir rapide, consommation qui peut ne pas être en rapport avec la quantité de cartouches qu'un homme peut porter, avec celle des approvisionnements et avec l'effet utile de l'arme, consommation enfin qui peut nuire à la justesse du tir, par la précipitation qui en est la conséquence ; et en dernier lieu les inconvénients dont j'ai déjà parlé : le crachement, l'engorgement, etc., qui sont d'ailleurs communs aux autres armes de cette espèce.

Ils sont tels que la pratique n'ayant pas mis à l'abri de toute discussion les qualités des armes de ce système, on n'a pas encore songé en France à la création d*un modèle destiné à un armement général.

Aussi ce n'est que pour quelque troupe particulière, ou pour remplir un but exceptionnel que l'on a adopté,des armes se chargeant par la culasse, tels que le *fusil des cent-gardes* et, le *fusil de rempart* 1831, dont je parlerai plus loin.

Une arme qui peut rivaliser avec le fusil à aiguille prussien, c'est le *fusil à verrou* proposé par M. *Manceaux*. Le chargement est simple, rapide ; il n'y a pas de crachement, peu d'encrassement. Les résultats du tir ont été excellents jusqu'ici. Un modèle plus petit que celui proposé pour l'infanterie remplacerait avantageusement le fusil de dragons.

Le canon du fusil de M. Manceaux est rayé. Il s'ouvre au tonnerre au moyen d'un verrou ressemblant assez au verrou d'une porte, et fonctionnant de même ; c'est par cette ouverture que s'introduit la charge.

La platine est celle du fusil percutant ordinaire. Le fusil à verrou se charge avec une cartouche exprès, mais peut être chargé avec l'ancienne cartouche et également avec la balle évidée.

Parmi les armes de la troisième catégorie, on peut ranger le fusil de rempart modèle 1831 ; — le mousqueton Potet ; — un mousqueton des États-Unis, etc., etc. — Quelques mots suffiront pour faire comprendre les principes de leur chargement :

Dans le fusil de rempart de 1831, le tonnerre est mobile. Il peut glisser dans une rainure horizontale ménagée dans le prolongement du canon, et il peut être soulevé à l'aide d'une poignée placée en dessus. Pour introduire la charge, on arme, on relève un coin placé derrière le tonnerre et qui s'oppose a son mouvement ; on élève le tonnerre lui-même après l'avoir dégagé du canon à l'endroit où il s'unit à lui. On charge, on repousse le tonnerre, et on abaisse le coin.

Le mousqueton Potet (fig. 52, p. 57) s'ouvre et se ferme à la culasse au moyen d'un tonnerre mobile maintenu par un coin. Le mousqueton américain que représente la fig 53, a également un tonnerre mobile. Il se meut au moyen d'un levier placé sur le côté, qui s'articule avec un tourillon du tonnerre, et qui sert en même temps de clef pour ouvrir et fermer l'arme.

Il y a enfin des armes qui ne peuvent être classées, parce qu'elles sont, seules de leur espèce.

Le fusil des cent-gardes, dû à M. Treuille de Beaulieu, peut être rangé dans la première catégorie de la division que j'ai établie, par le mode de chargement, et en même temps dans une catégorie particulière par le mode d'inflammation de la charge. Il a été expérimenté à l'École de tir pour la première fois en 1853.Il a donné de suite de bons résultats et a été adopté après quelques modifications.

Armé du sabre de cavalerie comme d'une baïonnette, il forme une sorte de lance, et peut servir à la fois à pied et à cheval d'arme de main et d'arme à feu[19].

La cartouche, analogue à celle du fusil de chasse Lefaucheux, porte avec elle son amorce dans un petit sabot en cuivre, et une broche qui tient lieu de cheminée. La balle est oblongue et cannelée, d'un très petit calibre (fig. 55). — Le canon est lui-même d'un faible calibre, et rayé.

La culasse est fermée par un obturateur qui a une forme particulière et qui sert à la fois de culasse et de chien-marteau. Ce marteau traverse la poignée de l'arme, agit de bas en haut, et se termine du côté du pontet par un fort crochet qui sert à armer. — Le pontet sert de ressort et agit sur ce *chien-culasse*. — Un ressort de gâchette et une gâchette s'opposent à l'effet du grand ressort ; lorsqu'on dégage la gâchette par la pression du doigt sur la détente, le marteau part et se relève en frappant la broche de la cartouche et en fermant le tonnerre de l'arme.

Quand le tonnerre est ouvert pour recevoir la charge, le fusil est naturellement armé.

La cartouche porte sur l'armature en laiton une petite anse qui sert à la placer, à mettre toujours la broche dans la bonne position, et à retirer les débris de la cartouche. — Cette arme se charge et se tire en quatre temps.

Ce fusil Treuille a servi aussi à constater les effets des petits calibres sur la justesse du tir déjà signalés dans les expériences du capitaineTamisier, étudiés avec les carabines données en prix, avec la carabine suisse, etc. ; et enfin aujourd'hui l'objet de recherches sérieuses.

Tout le monde connaît les *carabines et les pistolets de salon de Flobert*. Une carabine du système de ces pistolets de luxe a été proposée par l'inventeur pour le service de la guerre. Elle peut être citée après le fusil des cent-gardes et comparée à celui-ci, parce que le chien sert aussi de culasse. Elle est faite complètement d'après les mêmes principes que les carabines de salon, mais le calibre est beaucoup plus fort. — La balle est réunie à la capsule, et le fulminate de la capsule sert de charge.

Il est inutile de dire tous les défauts de cette carabine. Il faut remarquer qu'un des plus graves est le danger qu'elle présente avec

19 Les cent-gardes font l'escrime à la baïonnette des chasseurs à pied.

une forte charge. La culasse n'est pas maintenue assez fortement au moment de la déflagration de la poudre. Le ressort seul la retient. Elle peut-être chassée en arrière et laisser échapper une grande partie des gaz.

Dans le mousqueton Treuille, la culasse glissant dans une coulisse verticale ne peut pas bouger par l'effort du recul qui agit suivant une direction à peu près perpendiculaire à cette culasse. La carabine Flobert est sujette à un crachement assez considérable, qui n'existe pas dans ce mousqueton.

Le crachement est un des plus grands inconvénients des armes se chargeant par la culasse. Quelques inventeurs se sont efforcés d'y remédier. — Le meilleur résultat paraît avoir été obtenu avec le mousqueton *Chassepot.* Dans ce mousqueton la culasse est fermée par un obturateur en gutta-percha qui est simple et facile à remplacer, et qui empêche tout crachement. — Ce mousqueton, du calibre de 12 mill. 5, n'a pas besoin de cartouches spéciales, et s'amorce avec la capsule d'infanterie. On a tiré 1000 coups sans le moindre crachement.

Il serait trop long d'énumérer toutes les armes se chargeant par la culasse qui ont été imaginées ; mais aux renseignements qui précèdent, j'ajouterai les noms des inventeurs qui méritent le plus d'être cités.:

Ackerstein, en Suède ; Moser, en Angleterre, inventeurs d'un fusil à aiguille ; le belge Gillet, inventeur d'un fusil à aiguille du genre du fusil prussien ; Demondion, Lepage, Valasse de Châteauroux, Knocke mécanicien à Munich, Fallische de Liège, Meynard, les Américains Scharps, Porter, etc., etc.

LES REVOLVERS

Les revolvers sont aussi anciens que les carabines. On ignore qui les a inventés et de quelle contrée ils tirent leur origine ; mais on en trouve de très vieux dans quelques collections d'armes. Il y en a un dans la Tour de Londres, qui remonte à l'époque des Tudor ; il y en a un autre au musée de Darmstadt qui date du même temps. Au musée d'artillerie de Paris on voit un assez grand nombre de fusils et de carabines à tonnerre tournant[20] parmi les armes à rouet et à mèche, et quantité d'armes de toutes espèces à coups multiples.

Ce n'est pas seulement aux armes portatives qu'on a appliqué l'idée des coups multiples. On voit au Musée des canons et des mortiers, un grand nombre de projets ou modèles de différentes espèces à plusieurs coups. Les uns sont destinés à faire des décharges successives, les autres des décharges simultanées[21].

Parmi les armes à feu à plusieurs coups, on remarque les *fusils doubles, triples*, les *jeux d'orgue*, les *armes à magasin*, etc.

Les jeux d'orgue sont des appareils composés de plusieurs canons de fusil placés à côté les uns des autres sur un affût qui porte un même nombre de platines[22] . Ces armes étaient destinées à défendre les places.

Les armes à magasin sont généralement des fusils de rempart, qui se tiraient la plupart sur affût roulant.

Le système le plus simple se compose d'un canon de fusil percé de plusieurs lumières et d'un même nombre de platines correspondantes.

---

20 Le n° 4463 est un fusil à mèche revolver.

21 Par exemple les n°s 3093, 3094, 3095, 3096. Voyez fig 78. La disposition d'un de ces mortiers représenté par la bouche de la bouche.

22 Le n° 4103 du Musée d'artillerie est un jeu d'orgue composé de douze canons de fusil. Le n° 3039 est composé de cinq canons.

Les charges sont superposées dans le canon. Quelquefois il n'y a qu'une seule platine qui glisse le long du canon et qu'on amène devant chaque lumière.

Les pistolets revolvers sont depuis quelque temps très en vogue. Les Américains affectionnent particulièrement cette espèce d'arme. Ils s'en servent assez souvent dans beaucoup de circonstances étrangères à la guerre. Les officiers anglais qui sont aux Indes en font également usage.

En France, bien que les revolvers aient été adoptés en principe pour la marine, ils ne sont pas encore très répandus chez les officiers de l'armée. Il n'y a d'ailleurs que quelques années que les pistolets à tonnerre tournant se fabriquent dans notre pays.

On faisait auparavant des pistolets de poche à plusieurs coups avec plusieurs canons tournant autour d'un même axe. Une seule platine suffisait pour cinq ou six et même douze coups. Ces petites armes étaient lourdes et disgracieuses. Des pistolets du calibre de guerre de ce système seraient trop pesants et très incommodes.

Les systèmes en faveur aujourd'hui sont ceux de Devisme et de Lefaucheux. Les Anglais préfèrent celui de Robert Adams à ceux des deux célèbres armuriers français et à celui du colonel américain Colt qu'ils avaient d'abord adopté pour la cavalerie.

Le système Adams (fig. 69) est ingénieux, simple, mais d'un mécanisme minutieux. Il peut, par conséquent, se détraquer facilement.

Je ferai d'abord sa description et j'examinerai ensuite les autres espèces de revolvers.

Les parties du pistolet Adams sont :

— Le fût.

— Le cylindre.

— Le mécanisme ou la platine.

Le fût supporte le cylindre, il se compose du canon, du fût proprement dit et du corps de platine. Il est fait d'une seule pièce et d'excellent acier. Le cylindre, fait aussi d'une seule pièce, est percé de cinq chambres et porte cinq cheminées. Il tourne autour d'un arbre formé par une petite baguette qui le relie au fût.

La monture en bois n'a pas d'autre but que de servir de poignée. Toutes les parties en fer de l'arme sont ajustées ensemble. Le cylindre tourne de droite à gauche de dessous en dessus.

Le mouvement de rotation est produit par une roue à hélice placée en arrière de la culasse, dans laquelle engrène une lame métallique s'élevant de bas en haut par l'action de la détente.

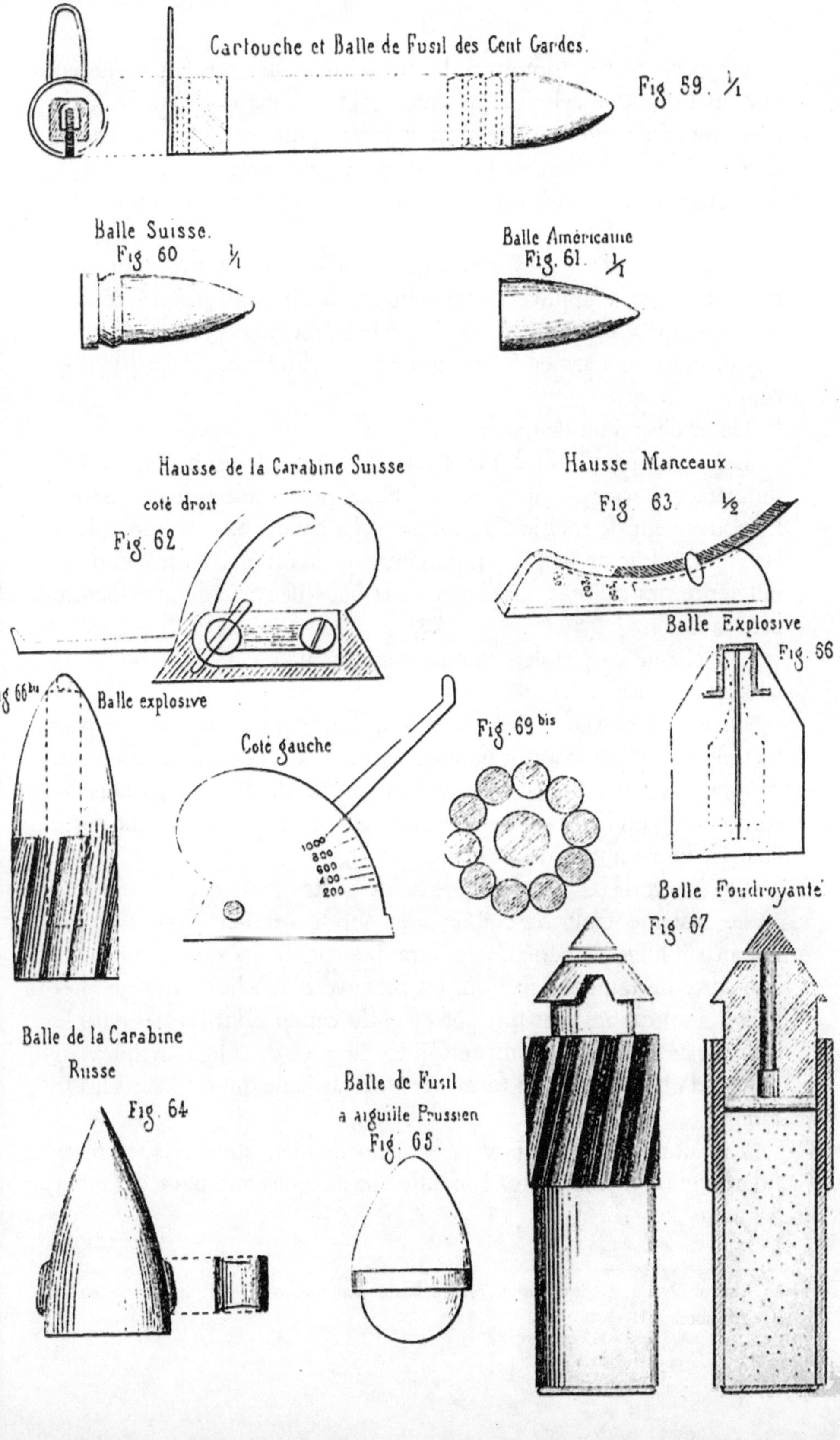
Cartouche et Balle de Fusil des Cent Gardes.
Fig. 59. 1/1
Balle Suisse.
Fig. 60 1/1
Balle Américaine
Fig. 61. 1/1
Hausse de la Carabine Suisse
coté droit
Fig. 62
Hausse Manceaux.
Fig. 63 1/2
Balle Explosive
Fig. 66
Fig 66bis
Balle explosive
Coté gauche
1000
800
600
400
200
Fig. 69 bis
Balle Foudroyante
Fig. 67
Balle de la Carabine
Russe
Fig. 64
Balle de Fusil
a aiguille Prussien
Fig. 65.

Un petit taquet formé par la queue de la détente fait saillie en dessous lorsque le cylindre présente l'orifice d'une chambre vis à vis du canon. Ce taquet butte contre un arrêtoir qui est à côté de chaque cheminée. Le cylindre, au moment où le coup part, est maintenu à droite par l'arrêtoir, et à gauche par la pression de la détente sur la roue à hélice (fig. 70)[23].

Avec ce pistolet il n'est pas nécessaire d'armer, il suffit, pour faire partir le coup, d'appuyer lentement sur la détente, jusqu'à ce que le chien, après s'être relevé, s'abatte sur la cheminée. Ainsi le même mécanisme sert à armer, à faire tourner le cylindre et à faire partir le coup.

Ce revolver a plusieurs inconvénients :

Les cheminées sont à découvert ; les capsules sont exposées à tomber ou à recevoir un choc. Les éclats de capsule peuvent arrêter le mouvement de rotation du cylindre. La balle n'est pas forcée dans le cylindre. Elle ne l'est qu'en passant dans le canon , en raison de la différence des calibres. La charge et la balle peuvent donc se perdre dans la fonte.

On charge ce pistolet, soit en démontant le cylindre, soit en le laissant en place.

Lorsqu'on ne veut pas déplacer le cylindre, on le fait tourner avec les doigts en le soustrayant momentanément à l'action du mécanisme de rotation, par une légère pression sur la détente. On charge alors du côté gauche, où le fût est évidé, chaque cavité du tonnerre, l'une après l'autre comme une arme ordinaire.

On se sert de balles sphériques ou de balles ogivales.

Le système Colt ressemble beaucoup à celui-ci. Sous certains rapports il lui est supérieur peut-être. Les cheminées sont abritées par une sorte de tambour fixe qui les préserve d'un choc extérieur. Les balles, d'un calibre plus fort que celui du canon, sont forcées dans le cylindre et ne peuvent tomber. On les enfonce dans leur chambre au moyen d'une baguette en forme de levier articulé qui est fixée sous le canon.

On fait tourner le cylindre de la même manière que dans le revolver Adams, et on met la charge à mesure que chaque coup passe devant la baguette.

23 The revolver : its description, management, and use, etc. by P. E. Dove, esq.— Edimbourg, 1851.

Fusil à aiguille Prussien (coupe).

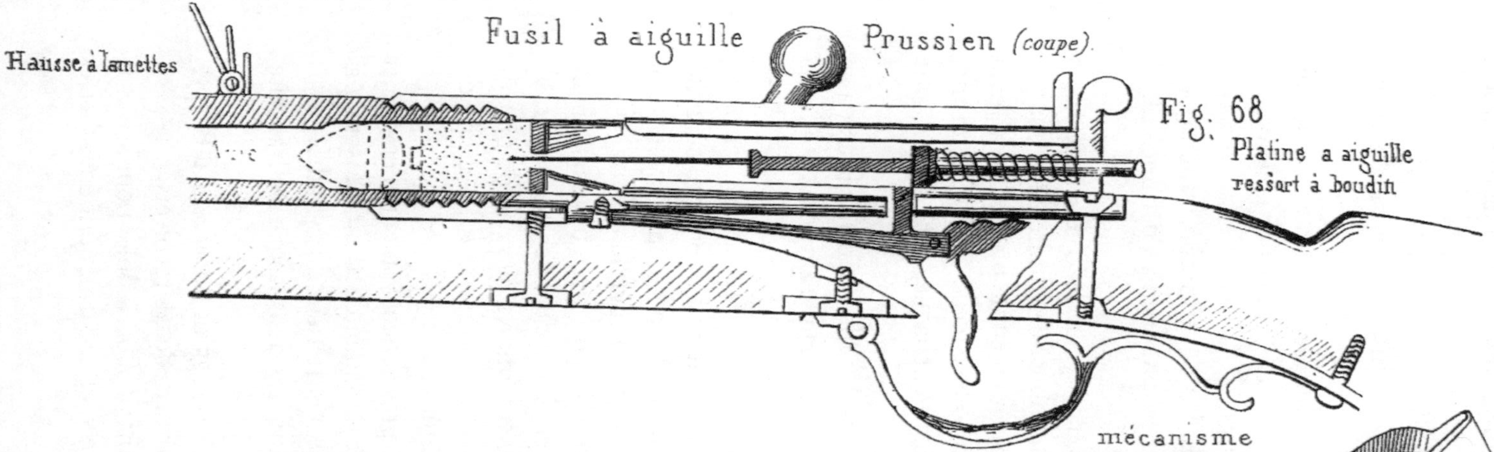

Fig. 68

Revolver Adams

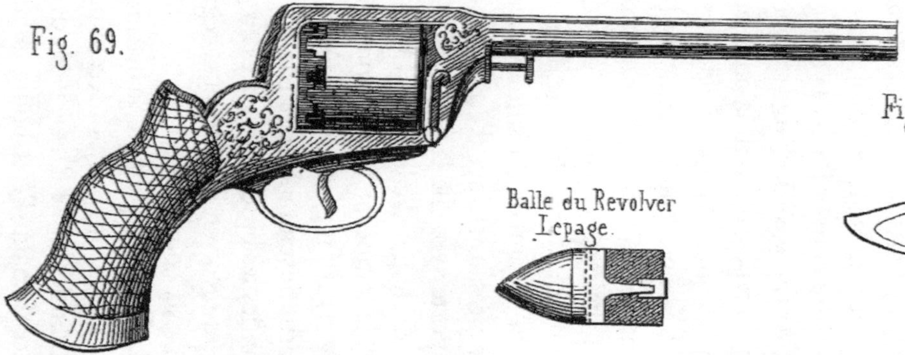

Fig. 69.

Balle du Revolver Lepage.

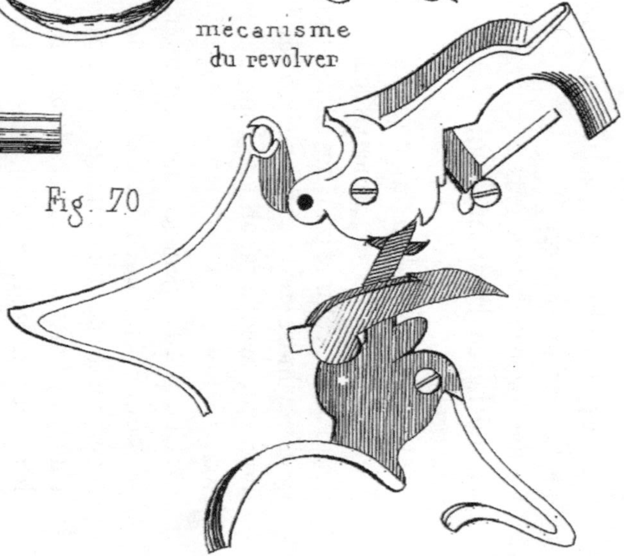

mécanisme du revolver

Fig. 70

Ce pistolet fut donné, aussitôt son invention, aux officiers de marine de l'Amérique du nord.

Le revolver Lefaucheux se charge par la culasse au moyen d'une cartouche en laiton analogue à celle du fusil de chasse du même armurier.

Le mécanisme de rotation est semblable à celui du revolver anglais Toutefois le chien ne s'arme pas seul lorsqu'on presse sur la détente. Il faut l'armer comme celui des autres fusils.

Le cylindre est percé des deux côtés. Les ouvertures communiquent d'un côté avec le canon ; de l'autre elles sont fermées par une culasse fixe.

Une porte, ménagée dans cette culasse, sur le côté droit, sert à introduire la cartouche dans chaque chambre du cylindre. Pour charger il faut mettre le chien au cran de repos en tenant le pistolet de la main gauche, presser sur le ressort de la porte, élever celle-ci, et faire tourner le cylindre de gauche à droite, afin d'amener chaque cavité devant cette ouverture pour enfoncer la charge.

Ce pistolet se décharge très facilement. Il suffit de mettre le chien au cran du repos, d'ouvrir la porte et d'amener chaque âme du cylindre en face de la baguette pour repousser la charge.

Afin de prévenir les accidents, lorsqu'on n'a pas à se servir de son arme, on met le chien au repos, on enfonce la baguette d'une petite quantité, et on abaisse le chien sur le cylindre. Dans cette position, le cylindre ne peut tourner, et le chien ne peut être ramené au cran du départ.

On reconnaît de suite à ce pistolet l'avantage d'un chargement prompt, sans chance d'erreur, au moyen d'une cartouche imperméable qui porte avec elle la poudre ; la balle et l'amorce, et celui de pouvoir être déchargé facilement. On n'a pas à craindre que les éclats des capsules empêchent la rotation du cylindre.

Mais il faut remarquer qu'il a le grave inconvénient d'être sujet à partir instantanément par les chocs accidentels dont ne sont pas garanties les broches amorces en saillie à l'extérieur du cylindre.

Les revolvers Lefaucheux, réglementaires dans la marine française, sont à six coups.

La marine espagnole, la marine sarde et la garde du vice-roi d'Égypte, Saïd-Pacha, ont été tout récemment armées de ces revolvers.

L'empereur de Russie vient de donner 16000 roubles pour armer la police de Saint-Pétersbourg de revolvers, et ces armes ont été achetées chez M. Lefaucheux.

REVOLVERS.

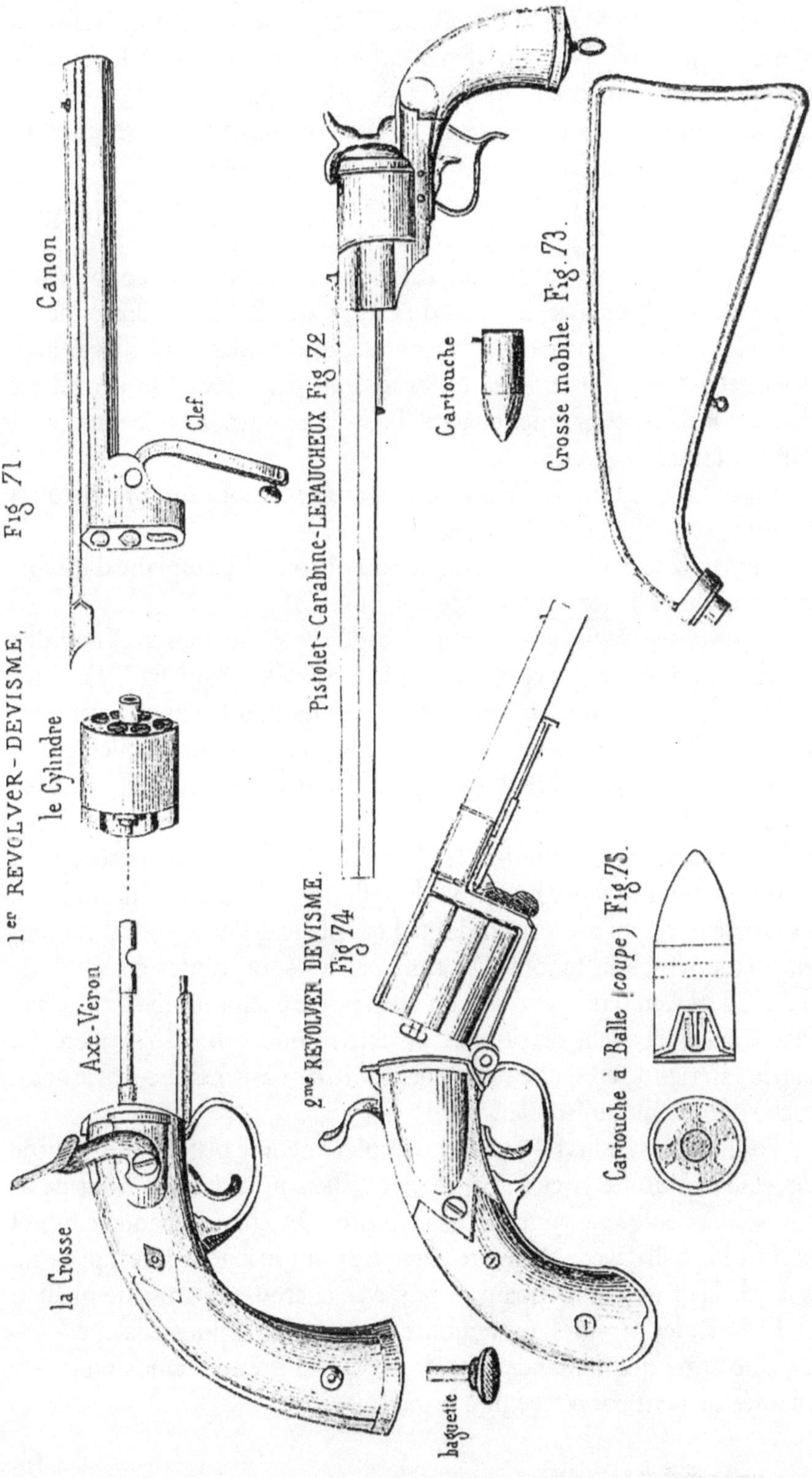

1er REVOLVER-DEVISME, Fig 71
le Cylindre
Canon
Clef
Axe-Veron
la Crosse
baguette
Pistolet-Carabine-LEFAUCHEUX Fig 72
Cartouche
Crosse mobile. Fig 73
2me REVOLVER DEVISME. Fig 74
Cartouche à Balle (coupe) Fig 75.

Cet armurier vient d'introduire l'usage des machines dans sa manufacture, et cependant il n'occupe pas moins de 250 ouvriers. Ses efforts mettent dès à présent la France en état de rivaliser avec la Belgique, et notre arquebuserie finira par être tout à fait supérieure, au point que la concurrence ne sera bientôt plus possible.

M. Lefaucheux a établi un petit modèle de revolvers pour la poche, s'armant seul comme ceux du système Adams.

Il a en outre construit des carabines-revolvers à 6 coups et se chargeant par la culasse, les unes du calibre de 12 mill. les autres de 15 mill. Ces carabines peuvent se tirer avec des cartouches à balles et avec des cartouches à plomb lorsqu'elles ne sont pas rayées. On peut donc s'en servir dans les grandes chasses. Peut-être pourrait-on les employer comme armes de guerre.

Enfin, il a imité les armes étrangères en fabricant un pistolet-carabine (fig. 72) à crosse mobile (calibre 12).

Cette crosse se visse sur la poignée du pistolet. Elle est faite d'un fort morceau de fil de fer et garnie de cuir (fig. 73).

Le revolver Devisme se charge à balle forcée au moyen d'une tige comme la carabine des chasseurs à pied, modèle 1846 (fig. 71). Il n'a pas besoin de cartouches spéciales. C'est dans un sens un avantage sur le système Lefaucheux, mais aussi il se charge moins facilement et bien moins vite que celui-ci, et ne peut d'ailleurs être déchargé qu'avec beaucoup de difficulté.

Le mécanisme de rotation est le même que celui du précédent. Il en diffère pour le reste. Le canon, le cylindre et la crosse sont mobiles. La crosse porte un axe autour duquel tourne le cylindre et qui soutient en même temps le canon. Ces trois parties sont jointes ensemble et fixées au moyen d'un demi-verrou qui s'ouvre en appuyant sur une clef placée au côté gauche du pistolet. Le chien a une forme particulière. La partie extérieure, en saillie sur le côté droit, sert à armer. Le marteau est caché dans le mécanisme intérieur.

Pour charger, il faut démonter complètement le pistolet. On tourne de gauche à droite la clef jusqu'à ce qu'elle soit arrivée au bout de sa course. On enlève le canon et le cylindre. On charge chaque coup et on force la balle avec une petite baguette dont le logement est placé au bout de la crosse, en frappant dessus avec la crosse en guise de maillet.

On met les capsules, on remonte l'arme et on repousse la clef.

Une arme qui demande tant de précautions et de temps pour être chargée ne peut pas convenir à la guerre.

M. Devisme a compris l'infériorité de son revolver en voyant celui de M. Lefaucheux, employé par la marine ; aussi il y a trois mois il en a imaginé un autre.

Le nouveau revolver Devisme (fig. 74) se charge par la culasse. Il est dit à *bascule*. Il est plus simple que celui de Lefaucheux. Le cylindre et le canon se tiennent ensemble. Ils sont reliés à la monture au moyen d'un verrou formé par l'axe de rotation du cylindre. La communication du feu ne se fait plus par la percussion du chien sur une broche amorce faisant saillie à l'extérieur. La cartouche, formée d'un culot en laiton porte la capsule à l'intérieur. Cette capsule s'appuie sur une petite broche posée sur un sabot également en laiton soudée au culot.

Pour charger ce pistolet il suffit d'armer le chien au premier cran, puis d'appuyer légèrement la clef qui est sous le canon, le verrou s'ouvre, et le canon et le cylindre se détachent de la culasse. On met les cartouches, on relève le canon et on pousse la clef. On arme ensuite et on tire comme avec un pistolet ordinaire. Après le tir, on se sert de la baguette pour chasser les culots. Elle est mobile autour du canon, auquel elle est attachée par un collier.

Ce pistolet a plusieurs avantages. Il faut moins de poudre que dans le système à tige, car les gaz de l'amorce ne sont pas perdus et s'ajoutent à ceux de la charge à poudre ; il n'y a pas de crachement.

Ainsi que dans le revolver Lefaucheux la cartouche métallique empêche que le feu d'une charge se communique à une autre. Les départs accidentels ne sont pas à redouter, mais il y a peut-être plus de chances de ratés.

C'est néanmoins, de tous les revolvers, un des plus simples, se chargeant le plus vite et pouvant inspirer le plus de confiance. Il faut observer toutefois que le mode d'attache du canon à la crosse laisse à désirer. La clef est un peu faible. La pression des gaz sur l'âme du cylindre ainsi que sur la balle qui résiste en raison du forcement, sont des forces qui réagissent sur cette clef. Elles lui transmettent, en un mot, les effets du recul. Elle ne saurait être trop solide. Dans le *fusil Lefaucheux*, la clef qui est pareille à celle-ci, quoique dans une situation différente, est proportionnellement plus forte.

M. Devisme prépare un modèle de petit calibre comme arme de poche. Il est à désirer que la solidité ne soit pas sacrifiée à l'élégance, ce qui est souvent le défaut des armes de luxe. Le nouveau revolver Devisme n'est pas le seul se chargeant par la culasse avec une cartouche à capsule sans broche extérieure.

Je citerai particulièrement le *pistolet Lepage.* La cartouche Lepage me semble préférable à celle de Devisme.

La tige sur laquelle s'appuie la capsule repose sur la balle (fig. 76). Or, la balle étant retenue par la différence de son calibre et de celui de la chambre qui est légèrement tronc-conique, offre une résistance toujours suffisante au choc du chien pour qu'il n'y ait pas de ratés par défaut de percussion.

Ce revolver, du reste, est plus solide sous le rapport de l'ajustage ; le canon et le cylindre liés ensemble peuvent tourner parallèlement à l'axe du canon, au moyen d'un collier, autour d'un arbre très fort placé dans le cylindre et terminant le fût. Cet arbre est terminé par un bouton qui retient le collier et par suite le canon. Un ressort placé du côté opposé à la sous-garde sert à fixer le canon à la monture. Pour pouvoir charger il suffit de dégager le ressort et de tourner le canon à gauche. Le ressort d'attache est peut-être un peu faible.

Les revolvers sont en résumé une ingénieuse invention. Ils se multiplient et se popularisent de plus en plus.

En les considérant au point de vue militaire, on est porté à se demander si leur usage contribuera au succès de ceux qui s'en serviront ? C'est en d'autres termes demander si un moyen de destruction plus perfectionné que ceux connus jusqu'à ce jour, c'est-à-dire dont les effets sont plus meurtriers doit donner la supériorité à celui qui l'emploie ?

On peut répondre par l'affirmative assurément, si on suppose que l'adversaire en soit privé, et si toutes les autres conditions sont égales. Nos canons rayés ont donné des preuves de leur efficacité comme moyen tactique, efficacité qu'augmentait relativement l'infériorité des bouches à feu autrichiennes.

Mais du moment où les machines et les engins de guerre nouveaux se répandent, et que l'ennemi peut en opposer de semblables, les chances de combat redeviennent égales, ces machines ne sont plus que des moyens ordinaires. Il y a plus de sang versé et bien souvent il n'y a point un pas de plus de fait dans la voie du progrès social et dans le bonheur de l'humanité.

Ces réflexions s'appliquent aux revolvers. Cette opinion ne sera pas partagée peut-être, surtout par ceux qui ont quelque intérêt pécuniaire à voir ces armes se répandre.

Un écrivain anglais[24] en recommande l'emploi sur une grande échelle.

---

24 Dove, esq. déjà cité.

Il voudrait que toute la milice fût armée de carabines et de revolvers, qu'on organisât en Angleterre avec l'appui du gouvernement, et à l'instar des anciennes corporations d'archers, de grands clubs destinés à propager l'usage et l'exercice de la carabine et des revolvers ; que dans toutes les villes, les bourgs et les villages de tous les comtés, ce genre de sport soit encouragé et récompensé. Il défie alors le monde entier d'attenter à la sécurité de son île.

« Comme Olivier Cromwell, ajoute-t-il, le disait quelquefois irrévérencieusement : If Frenchman, Pope, Spaniard, and devil and all were to combined, they could not touch us, they rnight as well walk in to a volcano. »

CONCLUSION

La précision du tir et la longue portée des armes carabinées auraient pu faire croire un instant que l'artillerie allait perdre son ancienne prééminence, quand les canons rayés sont venus faire briller la tactique moderne de l'éclat de leurs puissants effets.

C'est le perfectionnement des armes à feu portatives qui a amené celui des bouches à feu ; il ne sera point hors de propos de dire ici un mot sur les nouveaux canons.

Bien avant le siècle dernier, on a fait usage de canons rayés. Il y en a un au musée de Berlin, en fer forgé, qui date de 1661. Il y en a un aussi au musée de Munich qui fut fabriqué en 1694 à Nuremberg. — L'usage des projectiles oblongs tirés dans les canons est aussi fort ancien. Enfin, les premiers canons se chargeant par la culasse remontent à une époque plus reculée.

Ainsi, la plupart des inventions modernes ne sont que le reflet de vieilles découvertes qui ont germé autrefois, et ne sont point venues à maturité , ou qui ont été oubliées et mises de côté après avoir eu seulement un succès de courte durée.

Les systèmes modernes de canon rayé se rattachent tous directement ou indirectement à un seul, celui du major piémontais *Cavalli*. — En 1846, M. Cavalli imagina un canon en fer se chargeant par la culasse et tirant un projectile de forme cylindro-ogivale. L'âme de la pièce avait deux rainures qui servaient de directrices à deux ailettes hélicoïdales placées sur le projectile et fondues avec lui. Le mouvement de rotation du projectile était produit sans forcement. — En 1850, le lieutenant Gras proposa deux projectiles de forme cylindro-ogivale en fonte, que la réaction des gaz seule devait suffire à faire tourner, sans qu'il y ait besoin de modifier l'âme de la pièce en bronze.

Les gaz de la poudre passant dans des évents inclinés, ménagés à l'intérieur, ou dans des canaux pratiqués à la surface du projectile, lui donnaient un mouvement de rotation autour de son plus grand axe. Le tir de ces projectiles ne donna pas de résultats satisfaisants.

Les déperditions de gaz , les battements etc., rendaient la trajectoire très irrégulière. — On avait, en 1852, essayé sans succès à Vincennes des balles faites dans ce genre.

En 1854, on expérimenta à Calais une pièce du capitaine *Lepage*, qui se chargeait par la bouche. Elle avait trois rayures, et le projectile qui était en fonte, avait trois ailettes destinées à pénétrer dans les rayures.

Une modification fut apportée aux projectiles de M. Lepage, par M. Burnier. — Il remplaça les ailettes en fonte par trois boutons en cuivre, afin de pouvoir appliquer le système aux bouches à feu en bronze, sans craindre de les détériorer par la différence de dureté des métaux.

Vers 1852, 1853, on proposa différents systèmes à culot métallique. Ces culots avaient l'inconvénient de se briser et de voler en éclats au sortir de la pièce, en imprimant une rotation incomplète.

Le système Tamisier résolut une partie des difficultés qu'offrait la différence de dureté des métaux Le projectile de forme ogivale qu'il proposa en 1850 et 1851, portait 6 tenons en zinc laminé, placés de deux en deux sur la même hélice, et mobiles dans leur encastrement. Ces tenons en parcourant les 3 rayures de la pièce produisaient le mouvement de rotation, et en glissant dans leur encastrement d'un point de la surface du projectile sur un autre où le diamètre était plus grand, produisaient le forcement. En 1853, une commission fut chargée à la Fère d'étudier le projet du capitaine Tamisier.

Depuis cette époque jusqu'à celle de l'adoption des canons rayés de 4, on a fait de nombreux essais, de nombreuses expériences ; mais le principe des canons rayés est toujours resté celui de Cavalli.

Le système actuel dont une grande partie du mérite revient à M. Treuille de Beaulieu, est en grand le système de la carabine russe ou de Brunswick, tirant la balle à ailettes (fig. 64), qui a remplacé l'ancienne balle à ceinture.

L'invention des canons rayés a ému toutes les puissances. Les Autrichiens ont promené avec enthousiasme dans les rues de Vienne le canon rayé pris par leurs tyroliens à Magenta. Mais ces bouches à feu, qui ont cependant prouvé leur efficacité, ont fait moins sensation que l'invention toute récente de deux canons anglais. Si les Américains sont hardis dans leurs inventions, les Anglais savent faire beaucoup de bruit avec les leurs.

Il y a quelques années déjà on avait beaucoup parlé du canon Leicester. Cette bouche à feu se chargeait par la culasse et avait l'âme rayée ; mais elle n'a pas répondu à l'attente de l'inventeur.

Dans ce moment tous les yeux sont tournés de l'autre côté du détroit, et l'on attend avec anxiété les terribles effets du canon Armstrong et du canon Witworth. Il semble qu'il leur est réservé d'être l'*ultima ratio* des débats parlementaires. Mais il ne faut pas trop s'effrayer des machines de guerre de nos voisins ni trop les admirer.

Le canon Armstrong se charge par la culasse. Il est d'une grande complication et sa fabrication n'a pas le mérite d'être un procédé nouveau. On sait que l'âme est un tube en acier fondu autour duquel s'enroulent des bandes en spirales croisant leurs spires à angle droit.

Or, en 1849, on avait exécuté, non comme moyen balistique, il est vrai, à Rive-de-Giers, dans un établissement industriel, des tubes et des chaudières en acier fondu revêtus de bandes en acier, en forme de spirales, et dont la résistance avait été reconnue supérieure à ce que l'on connaissait jusque-là.

Quant au canon Witworth, dont le chargement par la culasse est plus simple que celui du précédent, un de ses mérites c'est la substitution d'une âme polygonale à une âme cylindrique rayée : c'est une simplification de la rayure. La section du projectile est égale à celle de l'âme de la pièce.

M. Witworth avait déjà proposé une carabine à section intérieure pentagonale, avant 1858, et une bouche à feu du même genre.

Mais ce n'est pas la première fois qu'on emploie des armes et des projectiles de cette forme, puisqu'il y a au Musée de Paris une carabine, ayant appartenu à Louis XIII, dans laquelle la section de l'âme, perpendiculairement à l'axe, est *un trèfle*.

On annonce des portées de 8 kilomètres, c'est assurément remarquable. Mais on pourrait contester l'utilité d'engins qui vont produire leurs effets au-delà de la vue humaine. Je crains bien que ces redoutables pièces n'aient le sort d'une autre invention d'origine britannique : je veux parler des *canons à vapeur Perkins*.

On sait que la vapeur occupe un volume 1700 fois plus grand que l'eau qui l'a produite ; il en résulte, lorsqu'elle est comprimée, une force que l'industrie utilise chaque jour et que Perkins avait pensé pouvoir employer comme moteur balistique. Il avait construit une énorme machine pesant 40000 livres[25]. Elle était sur un affût roulant et se

25 On expérimenta en même temps les fusées de guerre inventées par Congrève, celui qui

composait d'un foyer, d'une chaudière, d'un réservoir pour la vapeur, d'un tube pour lancer les projectiles et du mécanisme nécessaire pour qu'elle pût fonctionner.

On l'expérimenta en 1828 et en 1829 à Vincennes.

On simula la carcasse d'un vaisseau au moyen de deux lignes de madriers liés entre eux par des bandes de fer. On plaça cette cible à 40 pas.

Les projectiles étaient du calibre de 4.

Le tir fut très inexact, la portée décroissait à chaque coup, les projectiles restaient dans l'épaisseur du bois. Une pièce de 4 a été tirée à la même distance et le boulet a percé la cible.

La complication de l'appareil, ses proportions énormes, son peu d'effet, rendaient impraticable à la guerre et dans la marine l'emploi de cette machine.

Pendant que l'on substitue partout les armes rayées aux armes à canon lisse, quelques-uns font des efforts pour perfectionner le tir sans ajouter aux canons ou aux fusils la complication de la rayure. Le comte Paul de Saint-Robert, colonel d'artillerie piémontaise, propose un canon et un fusil de son invention dont l'âme est unie et dont les projectiles ont une forme encore inusitée dans l'artillerie, celle d'un disque lenticulaire.

La section de l'âme de la pièce est semblable à la section faite dans le projectile suivant son axe ; la pièce ou le canon de fusil est légèrement arqué avec la convexité en dessus. C'est de cette forme que dépend la portée et la justesse du tir. Ce système est une innovation qu'on ne peut juger que lorsque la pratique et l'expérience en auront démontré la valeur.

De tous les projectiles en usage, l'artillerie contemporaine semble préférer les boulets creux, obus ou shrapnels, aux boulets pleins. Ces projectiles sont d'autant plus dangereux que la limite de leur tir est plus grande maintenant que celle des boulets sphériques.

Les armes à feu portatives peuvent, dans de certaines limites, faire usage de projectiles de ce genre, soit pour incendier du fourrage, faire sauter un caisson, etc.

M. Delvigne a inventé une balle explosive {fig. 66) contenant des matières incendiaires dans une cavité ménagée à l'intérieur. Elle était de forme cylindro-conique et portait à la pointe une capsule maintenue

contribua le plus aux améliorations du système d'artillerie de 1829.

dans le plomb, et appuyée sur une tige de métal qui traversait la balle. Cette balle a été employée au siège d'Anvers et à celui d'Alger. M. Minié en a imaginé une de la forme de la balle à culot terminée par une cheminée d'acier et renfermant dans l'intérieur, qui était creux, de la poudre et des matières incendiaires.

Après ces deux balles, il faut mentionner celle du *colonel Jacob*, de l'armée des Indes (fig. 66 bis), se tirant dans une carabine de son invention. Elle est en cuivre et porte une boulette fulminante à la pointe dans un vide ménagé à cet effet et des ailettes directrices sur la partie cylindrique.

Nous mentionnerons encore, pour mémoire, la *balle foudroyante de Devisme* destinée à tuer les bêtes féroces. Ce projectile (fig. 67) se compose d'un tube creux en cuivre renfermant de la poudre, d'ailettes directrices et d'une partie cylindro-conique en cuivre, dont la pointe mobile est portée par une tige à l'extrémité de laquelle est une capsule.

La capsule repose sur une barre transversale, sur laquelle elle heurte quand la pointe de la balle frappe le but. Il y en a de 3 calibres différents, la figure 67 donne celle de la plus petite dimension.

L'expérience n'a pas encore suffisamment prononcé sur l'utilité de ces projectiles.

Dans ces quelques pages, j'ai jeté un coup d'œil rapide sur les progrès des armes à feu, en donnant sur un certain nombre d'entre elles quelques notions succinctes nécessaires pour comprendre les modifications quelles ont subies, mais sans vouloir en faire une description complète qui appartiendrait à un cours spécial sur cette matière.

On a pu voir que bien des inventions, qui passent pour appartenir à notre époque, avaient souvent deux ou trois siècles d'existence, que les progrès des armes portatives ont toujours suivi ou précédé ceux de l'artillerie, et que si les premières découvertes sont venues de l'extérieur, les perfectionnements et les dernières inventions sont originaires de France. On a vu aussi que nous n'avons pas toujours été les premiers à adopter les idées qui ont pris naissance chez nous, laissant les autres peuples les mettre à profit, mais que, néanmoins, nous sommes sortis de cette routine en faisant les premiers usage sur les champs de bataille d'une artillerie nouvelle.

Il y aurait bien des raisons à donner pour expliquer les causes qui ont ralenti la marche progressive de notre armement. Sans les rechercher ni songer à les peser, il en est une que nous pouvons donner sans crainte d'erreur : c'est l'interdiction de fabriquer les armes de guerre, dans les établissements particuliers et d'en exporter, qui existe depuis longtemps dans notre législation.

Les armes de guerre se fabriquent en France seulement dans les manufactures de l'État ; sous le premier Empire les besoins de nos armées avaient exigé une plus grande quantité de ces manufactures. Elles étaient à Versailles, Saint-Étienne, Klingenthal, Mutzig, Tulle, Charleville et Maubeuge. Elles ont été réduites à quatre depuis la Restauration. Dans un grand nombre de pays la fabrication des armes de luxe et de guerre est libre ; l'exportation l'est également.

La Belgique, ou plutôt la seule ville de Liège, produit annuellement 500000 armes de guerre, représentant un capital de 18 à 20 millions.

La ville de Birmingham, en Angleterre, en exporte pour plus de 10 millions de francs.

Ainsi l'industrie armurière a été jusqu'ici entravée en France, par cette interdiction.

Aujourd'hui une nouvelle loi sur la fabrication des armes de guerre va lever cette interdiction et permettre la libre exportation à tout individu qui en demandera l'autorisation au ministre. De simples mesures administratives seront prescrites, dans l'intérêt de l'ordre et de la sûreté publique, pour surveiller et contrôler cette fabrication.

Cette loi indique en même temps la différence légale qui existe entre les armes de guerre et les armes de luxe.

> « Les armes de guerre, dit-elle (art. 2), sont » celles qui servent ou qui ont servi à armer les troupes françaises ou étrangères.
>
> « Peut être réputée arme de guerre, toute arme qui serait reconnue propre au service de guerre, et qui ne serait qu'une imitation réduite ou amplifiée d'une arme de guerre.
>
> « Les armes dites de *bord* ou de *troque* sont considérées comme armes de guerre et soumises aux mêmes lois ».

Jusqu'ici les armes de guerre n'avaient été distinguées de celles de luxe que par le calibre.

Le décret du 14 décembre 1810 prescrivait que les armes de commerce n'auraient jamais le calibre de guerre, mais un calibre de deux mill. au moins au-dessus ou au-dessous de ce calibre, qu'il fixait à $0^{m}0177$.

L'ordonnance du 24 juillet 1816 en définissant les armes de guerre « celles qui sont à l'usage des troupes françaises, » avait conservé cette disposition.

Mais cette règle d'appréciation était devenue depuis longtemps illusoire, les armuriers ne l'observaient plus, et la plupart des puissances étrangères ont tellement réduit leurs calibres depuis que les avantages du tir que l'on obtient avec les armes rayées de petit calibre sont reconnus, que l'administration n'avait plus d'action pour empêcher la libre fabrication et la vente des armes, en s'appuyant seulement sur l'ancienne législation.

Il était donc important de déterminer d'une autre manière la nature des armes de guerre.

La nouvelle loi favorise l'industrie armurière autant que les autres branches du commerce français, et lui permet de prendre un développement aussi grand quelles, en facilitant ses transactions, en lui donnant un plus vaste terrain pour exercer son activité.

Une plus grande quantité d'ouvriers s'adonneront à la spécialité des armes de guerre, et à un moment donné, si l'État a besoin d'armes, l'industrie privée pourra coopérer avantageusement au surcroît de production. Enfin c'est multiplier les éléments de progrès des armes de guerre que d'augmenter le nombre de ceux qui doivent concourir à les établir.

NOTES

I

Distinction des principaux modèles d'armes à feu portatives à silex, antérieurs au modèle 1822.

Fusil d'infanterie.

Modèle 1717. — Canon rond de 1,191 mill., à un seul pan, 4 tenons, guidon en fer servant de tenon de baïonnette. Platine carrée, bassinet en fer ; le derrière du corps terminé en ovale ; le trou de la grande vis percé entre le devant du corps et le ressort de la batterie. Baïonnette à douille fendue, sans pontet ni virole ; lame de 379 mill. à trois carrés non évidée. Grenadière, 2 battants ovales, soudés. Une capuche au bout du fût en fer. Trois porte-baguette. Toutes les têtes de vis rondes. Baguette en bois.

Modèle 1728. — Canons sans tenon. Le trou de la grande vis percé entre les branches du ressort de batterie. La capuche remplacée par un embouchoir à 2 bandes et à entonnoir. Une capucine à queue. Les porte-baguette supprimés. La tête de baguette garnie d'une douille.

Modèle 1746 et 1734. — Canon de 1,163 mill. à huit pans longs. Platine carrée. Battants en forme d'anneaux ronds, soudés ; sur le côté au mod. 1746, sur la baguette au mod. 1734. Baguette en fer à tête de clou. Lame de baïonnette évidée à douille fendue dans le modèle 1754, ressort à crochet pour retenir les anneaux.

Modèle 1763. — Canon rond de 1,137 mill. Platine carrée, bassinet en fer avec un garde-feu. Vis de chien à tête percée. Baguette d'acier à tête en poire. Ressort de baguette fixé à l'embouchoir. Battants à anneaux allongés et soudés. Baïonnette à virole.

Modèle 1766. — Ressort de baguette fixé au tonnerre du canon. Baguette à tête de clou. Baïonnette à ressort. Canon plus léger que le précédent.

Modèle 1768. — Baïonnette à virole ; le reste comme le précédent.

Modèle 1770. — Platine demi-ronde. Bassinet en fer. Écusson à taquet. Ressort de baguette tenant à la capucine. Baïonnette à virole.

Modèle 1771. — Écusson sans taquet. Monture en gigue, c'est-à-dire avec un renfort convexe au-dessous de la poignée.

Modèle 1773. — Ressort de baguette fixé au canon. Il y a du même modèle un fusil des Cent-suisses, dont les garnitures sont en cuivre.

Modèle 1774. — Le retroussis de batterie est remplacé par un talon coupé carrément. Ressort de baguette sur la capucine. Baïonnette à bourrelet, tenue par un ressort fixé au canon. Baguette en acier à tête en poire, taraudée au petit bout, sur une longueur de 9 mill.

Modèle 1776, *marqué* 1777. — Le bassinet est en cuivre, et fixé par une vis. Capucine à bec carré retenue par un ressort à crochet, grenadière à vis. Ressort de baguette tenant à l'embouchoir. Taquet remis sur l'écusson.

Pontet à bascule. Plaque de couche ployée à angle droit, Baïonnette à fente et à virole. Toutes les vis à tête plate, excepté les vis à bois et la vis de culasse.

Modèle du fusil 1777, corrigé an IX. — Canon de 1 ^{m}. 136, rond, tonnerre à 5 pans, dont un s'ajuste à la batterie. Calibre 175, bassinet en cuivre, platine ronde, garniture en fer. Baguette d'acier. Baïonnette à lame d'acier, à 3 fentes et à virole, longue de 0 ^{m}. 405 depuis le coude.

Modèle an IX, *fusil de voltigeurs*. — Canon 1 ^{m}. 028, mêmes détails que le précédent, à l'exception des garnitures qui sont en cuivre, moins la grenadière.

Ce fusil était destiné à l'infanterie légère et aux compagnies de voltigeurs. On donnait le même modèle à la marine, mais avec toutes les garnitures en cuivre.

Modèle 1816. — Longueur totale 1^{m}92, longueur du canon 1^{m}09. Lumière légèrement conique. La goupille de la détente remplacée par deux ailettes et une vis. — La longueur du canon a encore été réduite dans le modèle 1822, ou elle n'est plus que de 1^{m}082.

Armes à feu de la cavalerie.

Modèle du fusil de dragons, 1777. — Canon 1 ^{m}. 082. Calibre 0 ^{m}. 0174. Platine du fusil d'infanterie, mod. 1777. Baguette et baïonnette semblables à celles du modèle de l'an IX. — Embouchoir maintenu par une bouterolle. — Grenadière à deux branches.

Pistolet de cavalerie. M. 1763. — Canon de 23 cent. — Garnitures en fer.

Fusil d'artillerie. M. 1777. — Canon de 92 cent.

Fusil de dragons de l'an IX. — Canon de 1^{m}029. — Garnitures en cuivre excepté la grenadière.

Mousqueton, an IX. — Canon 75 c. — Garnitures en cuivre.

Pistolet, an IX. — Canon 20 c., etc., etc.

Il faut distinguer de ces modèles, le fusil de récompense, le fusil de la garde impériale, M. 1802, le fusil des Cent-suisses, le fusil des Gardes-du-corps.

Le fusil de récompense est semblable au fusil modèle 1777, excepté que le canon est en bronze, les garnitures sont en argent, et qu'il y a sur la joue droite de la crosse, une plaque en argent.

Le fusil de la garde impériale, M. 1802, ressemble au modèle 1777. Mais il a les garnitures en cuivre, y compris les battants qui sont fixés par des vis.

Le fusil des Cent-suisses, M. 1814, est pareil au précédent, mais les battants sont en fer.

Le fusil des Gardes-du-corps se distingue par des ornements en argent et la couronne royale.

II

Armes rayées du Musée.

Les armes rayées du Musée ont été étudiées pour fixer les idées sur les premières inventions relatives aux carabines, et pour servir de point de comparaison dans les recherches nouvelles sur le tir. Elles présentent toutes une certaine régularité. — On peut les classer de différentes manières, suivant leurs dimensions, celle du canon, le calibre, les rayures.

Elles sont au nombre de 343 :

1° *Platines.* — Sur ce nombre, il y en a une qui a une platine à mèche ; 215 qui ont des platines à rouet ; 112 à silex ; 15 à percussion.

2° *Calibre du canon.* — Il y a 311 armes dont le calibre est de 17^{mm}5 et au-dessous. — 32 dont le calibre est de 17^{mm}5 et au-dessus.

3° *Longueur du canon.* — Depuis 0,50 c. et au-dessous, il y a 40 carabines et autres armes ; — de 0^{m}50 c. à 1^m, — il y en a 267. Enfin de l^m et au-dessus : 36.

4° *Rayures.* — Parmi ces armes, un petit nombre, 19, ont des rayures droites ; 224 ont des rayures inclinées ; celles dont les rayures sont irrégulières, sont au nombre de 151.

5° *Inclinaison des rayures.* — Du pas de ½ tour et au-dessous, 67 armes. — Depuis un ½ tour jusqu'à un tour compris, 219 ; — depuis un tour jusqu'à deux, 55 ; — depuis deux tours et au-delà (rayures très inclinées), 2 seulement.

6° *Nombre de rayures.* — Le nombre de rayures paires se présente 226 fois, le nombre impair 117. — Aujourd'hui nos armes sont rayées en nombre pair ; la balle est maintenant dans l'âme d'une manière plus symétrique.

Les armes qui ont de 2 à 6 rayures, sont au nombre de 6, de 6 à 12 rayures, — 232 armes, de 12 et au-delà, — 32 armes.

7° *Forme des rayures.* — Rayures dont le fond est arrondi : 275 armes ; — rayures triangulaires : 33 ; — rayures rectangulaires : 9 ; — rayures arbitraires et bizarres : 26 armes.

8° *Largeur des rayures.* — Depuis 3^{mm} et au-dessous, 296 armes, de 3^{mm} et au-dessus, 47.

9° *Profondeur.* — Depuis $½^{mm}$ et au-dessous, 153 armes. Depuis ½,^{mm} jusqu'à 1^{mm} il y en a 199. Au-dessus de 1^{mm} il y en a 11.

On voit par ce tableau que l'on avait reconnu que la longueur des canons ne devait pas être trop grande ; que les petits calibres avec une grosse épaisseur de canon devaient être préférés ; que les rayures inclinées de forme arrondie paraissaient les meilleures, etc. ; enfin qu'on pensait que plus la balle tournait vite, plus la balle avait de justesse.

Les résultats des expériences récentes se sont en grande partie accordés avec les données de ce tableau.

III

TABLEAU COMPARATIF DES DIMENSIONS DES ARMES RAYÉES DE L'INFANTERIE EUROPÉENNE.

N. B. — Ce tableau comprend la plus grande partie des derniers modèles d'armes rayées en usage en Europe. Les renseignements qui ont servi à l'établir, ont été puisés en grande partie dans l'ouvrage déjà cité de Gaugler de Gempen.

ARMES RAYEES DE L'INFANTERIE EUROPÉENNE

PUISSANCES	ARMES	CALIBRE			FORME DE LA BALLE	POIDS		RAYURES				LONGUEUR				OBSERVATIONS
		De l'arme en mm	De la chambre ou de la tige en mm	De la balle en mm		De la balle en grammes	De la charge en grammes	Nombre	Largeur	profondeur	Inclinaison (un tour sur)	Du canon	De l'arme avec baïon.	De la baïonnette	Poids de l'arme avec baïonnette	
ANGLETERRE	Carabine à ceinture	17,9	»	17,7	Sphérique à ceinture	36,01	4,43		8,6	0,8	0,862	0,862	1,708	0,540	5,145	La ceinture est en saillie de 1,5mm
	Fusil Minié, Mod. 1851	17,8	»	17,5	Oblongue et à culot	45,03	4,42		6,35	0,50 0,25	1,981	0,862	1,841	0,444	4,784	Inclinaison des rayures uniforme, profondeur progressive
	Fusil rayé d'Enfield	14,66	»	14,43	Cylindro-ogivale à culot	33,64	4,43		6,65	0,36	1,981	0,991	1,841	0,432	4,167	Inclinaison uniforme
AUTRICHE	Carabine console	18,10	12,44	17,73	Sphérique	32,25	4,01	2	2,37	0,36	1,317	0,658	1,811	0,60	*3,867	Inclinaison uniforme
	Carabine avec ou sans tige des chasseurs	13,899	»	13,716	Oblongue à cannelures. Se force par refoulement	29,17	4,04		5,458	0,183	1,580	0,715	1,699	0,59	»	Inclinaison uniforme
	Fusil rayé, Mod. 1855 de l'inf. de ligne	Id.	»	Id.	Id.	Id.	Id.	Id.	Id.	Id.	Id.	0,948	1,764	»	»	Balle du système Lorenz
G^D D^CHÉ DE BADE	Fusil rayé de l'infanterie	18	»	16,8	Balle à culot	38,25	4,54		5,4	0,27	1,556	1,080	»	»	»	Inclinaison uniforme. Les tirailleurs ont une carabine système Wild.
BAVIÈRE	Carabine à tige des tirailleurs	14,65	6,54	14	Ogivale	30,62	4,38		3,66	0,44	1,326	0,664	1,697	0,65	4,147	Inclinaison uniforme
	Carabine de chasseurs M. 1854	17,13	8,89	17,10	Id.	»	»		8,24	0,47	1,569	0,894	1,831	0,56	5,425	Inclinaison uniforme
BELGIQUE	Carabine à tige des chasseurs-carabiniers	17,5	9	17,2	cylindro-ogivale	49	4		6,5	0,5 0,3	2,0	0,866	1,90	0,62	5,575	Inclin. unif. rayures progr. en profondeur
	Fusil rayé de l'infanterie	17,5	»	17,1	Oblongue	47,7	5,5		6,5	0,45 0,15	2,0	1,07	1,93	0,46	4,496	Id.
BRUNSWICK	Fusil ovale	15,9	»	15,71	Balle ovale	20,8	4,37		0,52	»	1,344	1,08	»	»	*4,69	Inclinaison uniforme
D^CHÉ D'AN-HALT-DESSAU	Fusil rayé Mod. 1855	13,89	»	»	Oblongue	»	»	»	»	»	»	»	»	»	»	»
ESPAGNE	Fusil rayé Mod. 1852 des chasseurs	15,2	»	14	Expansive syst. Peeters	29	4,5		5,7	0,8 0,5	1,68	0,84	»	»	*3,80	Inclinaison unif., rayures prog. De 1852 à 1855, la balle était à culot
FRANCE	Carabine de chasseurs. M. 1842	17,5	13,5	17	Sphérique	30,3	6,25	4	7	0,5	6,226	0,810	1,847	0,573	5,355	Cette arme et la suivante ont ét remplacées par la carabine 1846 à tige
	Fusil de rempart M. 1842	20,5	14,5	20	Id.	45,5	6,5	6	3	0,5	8,120	0,810	1,844	0,573	5,695	
	Carabine à tige	17,8	9	17,2	Oblongue	47,5	4,5	4	7	0,5 0,3	2,00	0,868	1,835	0,573	5,355	La tige a 38 mm de longueur.
	Fusil d'infanterie de la garde M. 1854	17,8	»	17,2	Id. évidée	36	5	4	7	0,5 0,4	2,00	1,029	1,883	»	4,580	Inclinaison uniforme. Le fusil de grenadier a 54 mm de plus de long.
	Fusil de l'inf. de ligne M. 1842 tr.	18	»	17,2	Id. évidée. syst. Nessler	32	4,5	4	7	»	Id.	1,029	Id.	Id.	Id.	

ARMES RAYÉES DE L'INFANTERIE EUROPÉENNE (Suite)																
PUISSANCES	ARMES	CALIBRE			FORME DE LA BALLE	POIDS		RAYURES				LONGUEUR (en mètres)				OBSERVATIONS
		De l'arme en mm	De la chambre ou de la tige en mm	De la balle en mm		De la balle en grammes	De la charge en grammes	Nombre	Largeur	profondeur	Inclinaison (un tour sur)	Du canon	De l'arme avec baïon.	De la baïonnette	Poids de l'arme avec baïonnette	
HANOVRE	Fusil rayé à tige	15,7	7,8	15,5	Cylindro-conique	28,8	4,8	7	3,04	0,35	1,364	1,022	»	»	*3,80	Rayures uniformes
	Carabine	Id.	Id.	Id.	Id.	28,8	3,8	8	0,36 0,24	1,364	0,730	»	»	»	5,260	Rayures progr. en profondeur. Inclinaison uniforme
HESSE ÉLEC-TOR.	Fusil rayé (1855)	17,00	15,15	16,86	Oblongue expansive	39,4	»	4	5,25	0,46	1,805	»	»	»	»	Balle syst. Peeters. Inclinaison des rayures uniforme
HESSE GD DUCHÉ	Fusil rayé de l'infanterie (1855)	17,65	»	16,95	Balle à culot	40,50	4,5	5	5,53	0,24	»	1,086	19,35	»	4,900	Le fusil des tirailleurs ne diffère que par la long. et la hausse
MECKLEM-BOURG	Fusil à tige (1851)	15,26	7,33	14,92	Oblongue	29,24	3,65	4	5,97	0,52	0,942	0,975	»	»	»	Inclinaison uniforme
OLDEMBOURG	Fusil et carabine à 2 rayures	17,18	»	16,44 16,79	»	26,32 27,77	7,35	2	8,88	0,74	1,324	0,994	»	»	5,370	Deux balles, une roulante et l'autre à calepin
	Fusil de l'infanterie. M. 1853	17,28	8,15	16,74	Balle Minié	»	»	4	4,94	0,79	1,987	0,994	»	»	5,35	Inclinaison uniforme
PAYS-BAS	Carabine à tige des chasseurs	14,3	7	14,2	Cylindro-ogivale	32	4	8	0,9	0,5	0,973	0,730	1,711	59	5,394	Inclinaison uniforme
PRUSSE	Carabine à tige donné e aux chasseurs en 1847	14,65	»	14,38	Cylindro-conique	31,70	3,30	8	2,88	0,65	»	0,702	1,852	60	4,56	Inclinaison uniforme
	Fusil à aiguille (1848)	14,15	»	16,28	Sphéro-conique	29,23	4,26	4	6,02	0,78	1,145	0,916	1,953	»	5,41	Inclinaison uniforme
	Fusil rayé à balle à culot, donné en 1855	18	»	17,65	Balle à culot	45,65	5,18	5	5,53	0,26	1,556	1,046	1,92	0,49	4,67	Inclinaison uniforme
RUSSIE	Carabine à 2 rayures	17,5	»	17,4	Balle à ailettes	51	4,60	2	7,9	0,8	0,80	0,80	1,716	0,53	5,217	La balle à ailettes a remplacé la balle à ceint.
	Carabine à tige	18	»	»	Balle oblongue	44	»	»	»	»	»	»	»	»	»	Les autres renseigts manquent
SARDAIGNE	Carabine des bersaglieri	16,9	11,3	16,2	Sphéro-conique	35	3,5	8	2,35	0,3	0,415	0,748	1,61	51	5,3	Syst. Delvigne, hausse à lamettes. Inclinaison unif. Chien à amorçoir.
	Fusil sarde à tige	17,5	8,5	17,2	Cylindro-conique	46,25	4,10	4	6	0,15 0,2	1,50	1,027	1,86	44	4,75	Inclinaison uniforme
SAXE	Carabine transformée à tige	14,7	»	»	Cylindro-conique	»	»	8	»	»	0,57	0,76	»	»	»	Inclinaison uniforme
	Fusil rayé à tige	14,66	7,33	14,49	Id.	23,24	5,10	4	4,96	0,59	0,641	1,026	»	»	»	Inclinaison uniforme

ARMES RAYÉES DE L'INFANTERIE EUROPÉENNE (Suite)

PUISSANCES	ARMES	CALIBRE			FORME DE LA BALLE	POIDS		RAYURES				LONGUEUR (en mètres)				OBSERVATIONS
		De l'arme en mm	De la chambre ou de la tige en mm	De la balle en mm		De la balle en grammes	De la charge en grammes	Nombre	Largeur	profondeur	Inclinaison (un tour sur)	Du canon	De l'arme avec baïon.	De la baïonnette	Poids de l'arme avec baïonnette	
SUÈDE	Carabine à tige	19	9	18,8	Cylindro-conique	»	»	8	4	0,5	1,04	0,80	»	»	»	Hausse à lamettes
	Fusil Feilitzen se chargeant par la culasse	14,5	16,5	15,5	Id.	26	5	6	3,8	0,5	2,00	0,715	1,707	47	5,30	Le tonnerre est mobile
SUISSE	Carabine fédérale Mod. 1851	10,5	10,5	10,4	Ogivale	16,66	4	8	1,98	0,21	0,90	0,813	1,755	»	4,875	Inclinaison uniforme
	Fusil rayé des chasseurs	10,5	10,5	10,05	Id.	16,66	4	44	3,96	2,02	0,81	0,903	»	»	4,5	Inclinaison uniforme
WURTEMBERG	Fusil rayé	14	»	13,6	Sphéro-conique	»	6	12	2,20	1,47	0,85	0,715	»	»	4,34	Inclinaison uniforme

* Sans baïonnette

Liste des figures

26. Balle de la garde.
27. Balle Nessler.
28. Balle actuelle de l'infanterie.
29. Balle anglaise — à ceinture.
30. Balle anglaise à tampon.
31. Balle Wilkinson.
32. Balle Richard.
33. Balle à culot du fusil anglais, 1851.
34. Balle du fusil rayé de Dessau.
35. Balle du fusil hanovrien.
36. Balle de la carabine autrichienne.
37. Balle autrichienne de Lorenz.
38. Balle de la carabine à aiguille.
39. Balle expansive belge.
40. Balle de la carabine bavaroise.
41. Platine norvégienne.
42. Platine prussienne transformée.
43. Platine de la carabine prussienne.
43. bis. Platine de la carabine saxe.
44. Platine napolitaine.
45. *id.*
46. *id.*
47. Platine console.
48. Pistolet bavarois.
49. Pistolet anglais.
50. Pistolet norvégien.
51. Pistolet Minié.
52. Mousqueton Potet.
53. Mousqueton des États-Unis.
54. - 54 bis. Fusil Robert et mécanisme.
55. Mousqueton Lepage.
56. Fusil Lefaucheux.
57. Mécanisme du fusil Lefaucheux.
58. Clef de ce fusil.
59. Cartouche et balle du fusil des cent-gardes.
60. Balle suisse.
61. Balle américaine.
62. Hausse de la carabine suisse.
63. Hausse Manceaux.

64. Balle de la carabine russe.
65. Balle du fusil h aiguille prussien.
66. Balle explosive.
66. bis. Balle Jacob.
67. Balle foudroyante Devisme
68. Fusil à aiguille.
69. Pistolet revolver Adams.
69 bis. Tranche d'un mortier à plusieurs coups.
70. Mécanisme du revolver Adams.
71. Revolver Devisme.
72. Revolver Lefaucheux (pistolet-carabine).
73. Crosse du pistolet.
74. Nouveau système Devisme.
75. Cartouche à balle Devisme.
76. Cartouche Lepage.
77. Mécanisme de rotation.

Table des Matières

Histoire des Armes

www.decoopman.com

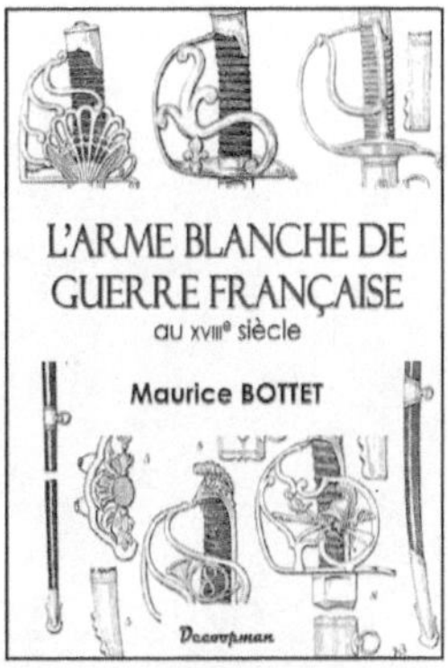

Éditions Decoopman - Ferrières - 30440 Saint-Laurent-le-Minier -
Tel : +33 (0)4.67.73.90.95 - web : www.decoopman.com - e.mail : livres@decoopman.com

www.ingramcontent.com/pod-product-compliance
Lightning Source LLC
LaVergne TN
LVHW100408061026
849522LV00003B/816
* 9 7 8 2 3 6 9 6 5 1 2 5 3 *